新时代水利监督管理体制研究

贺骥 张闻笛 吴兆丹◎著

·南京·

图书在版编目（CIP）数据

新时代水利监督.管理体制研究/贺骥，张闻笛，吴兆丹著.－－南京：河海大学出版社，2022.1
ISBN 978-7-5630-7453-2

Ⅰ.①新… Ⅱ.①贺…②张…③吴… Ⅲ.①水利工程—工程质量监督—监管制度—研究—中国 Ⅳ.① TV512

中国版本图书馆 CIP 数据核字（2022）第 032504 号

书　　名	新时代水利监督.管理体制研究 XIN SHIDAI SHUILI JIANDU. GUANLI TIZHI YANJIU
书　　号	ISBN 978-7-5630-7453-2
责任编辑	王　敏
责任校对	吴　淼
封面设计	徐娟娟
出版发行	河海大学出版社
地　　址	南京市西康路 1 号（邮编：210098）
网　　址	http://www.hhup.com
电　　话	（025）83737852（总编室）（025）83736652（编辑室） （025）83722833（发行部）
经　　销	江苏省新华发行集团有限公司
排　　版	南京布克文化发展有限公司
印　　刷	江苏凤凰数码印务有限公司
开　　本	718 毫米 ×1000 毫米　1/16
印　　张	10.5
字　　数	183 千字
版　　次	2022 年 1 月第 1 版
印　　次	2022 年 1 月第 1 次印刷
定　　价	68.00 元

前言

行政监督作为政府行政管理工作的重要环节，已经成为国家不断深化改革发展的重要手段，是促进经济、政治、文化、社会、生态等健康发展必不可少的因素。党的十八大以来，国家高度重视行政监督工作，大力加强对行政监督工作的要求，并实施了中央生态环境保护督察、国家土地督察等一系列有力举措，不断促进政风扭转和国家治理体系的进步。党的十九大报告将健全党和国家监督体系作为重点内容进行了论述，明确要强化自上而下的组织监督，构建全面覆盖、权威高效的监督体系。党的十九届四中全会也提出要强化对权力运行的制约和监督，优化行政决策、行政执行、行政组织、行政监督体制，增强监督严肃性、协同性、有效性。党的十九届五中全会要求完善国家行政体系，提升行政效率和公信力，提高社会治理水平，并提出到2035年基本建成法治国家、法治政府、法治社会。党的十九届六中全会进一步强调坚持全面依法治国，坚持全面从严治党，坚定不移推进党风廉政建设和反腐败斗争，不断提高国家治理体系和治理能力现代化水平。此外，加强行政监督也是历年政府工作报告的年度重点工作。《2021年国务院政府工作报告》明确指出，坚持政务公开，依法接受同级人大及其常委会的监督，自觉接受人民政协的民主监督，主动接受社会和舆论监督，强化审计监督；政府工作人员要自觉接受法律监督、监察监督和人民监督；要落实全面从严治党要求，加强法治政府建设。

水利监督工作作为新时代水利改革发展的重要支撑，既是各级水行政主管部门认真履责的主要保障，也是努力满足人民群众对美好生活用水需求的重要举措。近年来，水利行业也十分重视监督工作，开展了水利安全生产监督、水利项目稽察、水利重点领域督查等一系列行业监督工作，将强化水利行业监管作为防范水利行业风险的重要措施、推动水利改革发展的重点内容和关键环节、推进水治理体系和水治理能力现代化的重要抓手，以及推动水利行业健康可持续发展的重要保障。这些在新时代水利改革发展工作总基调、2018年水利部机构改革中的监督职能强化、2019年以来的全国水利工作会议等中均得以充分体现。随着新时期治水矛盾的变化，水利部提出要将工作重心逐步转移到强化行业监管上来，这对新时代水利监督工作提出了更高的要求。为了确保水利监督工作能长期顺利高效进行，当前有必要进一步完善我国水利监督管理体制，细化水利监督职责并加强监督队伍建设，为新时期水利监督工作的有效开展奠定夯实的基础。

本研究为系列专著《新时代水利监督》的一部分，深入贯彻党的十八大、十九大、十九届四中、五中、六中全会精神，认真落实党中央新时期治水思路和水利改革发展工作总基调要求，结合中央及各部委所出台的相关政策文件，分析了当前水利监督工作面临的新形势新要求；针对我国水利监督管理体制现状展开了调研，梳理了水利部及流域管理机构、地方水行政主管部门的水利监督机构设置、职责划分现状及监督工作成效；分析了当前形势下水利监督管理体制的完善需求；对生态环境、自然资源、医药等行业的监督管理体制进行了剖析，总结其中可供完善水利监督管理体制所参考的经验；在此基础上，构建了较为完善细化的新时代水利监督管理体制框架，并提出了相关对策建议。研究成果为保障水利监督工作的顺利进行、完善水治理体系、实现水治理能力现代化提供支撑。

在水利部监督司的指导下，课题组先后赴太湖流域管理局，长江水利委员会，北京、天津、广东、浙江、江苏、湖北、甘肃等省市水行政主管部门，以及南水北调东线总公司进行实地调研，并对全国各省（自治区、直辖市）践行水利改革发展总基调工作情况进行了书面调研，了解有关流域管理机构和地方水利部门的监督机构设置及其职责划分情况、水利监督工作进程及存在的困难。所得到的调研结果为本书提供了重要素材。本研究工作得到了水利部监督司、水利部建设管理与质量安全中心、相关流域管理机构及地方水行政主管部门、河海大学等多方的指导帮助，多位领导和专家对本研究成果提出了宝贵意见建议，课题组在此表示衷心感谢！

目录

CONTENTS

第一章　绪　论 ……………………………………………………… 001
　　一、研究背景 ………………………………………………… 003
　　二、研究意义 ………………………………………………… 004
　　　　（一）理论意义 ………………………………………… 004
　　　　（二）实践意义 ………………………………………… 004
　　三、已有研究进展 …………………………………………… 005
　　四、研究内容 ………………………………………………… 008
　　　　（一）水利监督工作面临的新形势新要求 …………… 008
　　　　（二）我国水利监督管理体制现状 …………………… 008
　　　　（三）当前水利监督管理体制的完善需求分析 ……… 008
　　　　（四）相关行业经验借鉴 ……………………………… 008
　　　　（五）新时代水利监督的管理体制框架构建 ………… 009
　　　　（六）主要结论和对策建议 …………………………… 009
　　五、研究方法及技术路线 …………………………………… 009
　　　　（一）研究方法 ………………………………………… 009
　　　　（二）技术路线 ………………………………………… 009
　　六、创新点 …………………………………………………… 011
第二章　相关概念及理论基础 …………………………………… 013
　　一、相关概念 ………………………………………………… 015
　　　　（一）行政监督 ………………………………………… 015
　　　　（二）水利监督 ………………………………………… 015

（三）管理体制 …………………………………………… 016
　　（四）督促、督查、督察 ………………………………… 016
　二、理论基础 ………………………………………………… 017
　　（一）自主治理理论 ……………………………………… 017
　　（二）分权定理 …………………………………………… 017
　　（三）权责对等原则 ……………………………………… 018
　　（四）控制论 ……………………………………………… 019

第三章　水利监督工作面临的新形势新要求 ………………… 021
　一、国家治理体系和治理能力现代化对水利监督工作提出了新要求
　　　………………………………………………………… 023
　二、新时代水利改革发展总基调为水利监督工作明确了新任务
　　　………………………………………………………… 024
　三、相关行业监督管理为水利监督工作提供了新参考 …… 026

第四章　水利监督管理体制现状 ……………………………… 029
　一、水利部水利监督机构设置及职能划分现状 …………… 031
　　（一）水利部水利督查工作领导小组及其办公室 ……… 032
　　（二）水利部监督司 ……………………………………… 033
　　（三）水利部其他司局 …………………………………… 034
　　（四）水利部监督队伍 …………………………………… 038
　二、流域水利监督机构设置及职能划分现状 ……………… 038
　　（一）流域督查工作领导小组 …………………………… 039
　　（二）流域管理机构监督处（局） ……………………… 039
　　（三）流域管理机构其他处（局） ……………………… 040
　　（四）流域监督队伍 ……………………………………… 041
　三、地方水利监督机构设置及职能划分现状 ……………… 041
　　（一）省级水利督查工作领导小组 ……………………… 041
　　（二）省级水利监督机构 ………………………………… 042
　　（三）省级监督队伍 ……………………………………… 044
　四、水利监督工作取得的成效 ……………………………… 044

第五章　当前水利监督管理体制的完善需求分析 …………… 047
　一、对监督机构职能定位的认识有待深化 ………………… 049

二、各级水利监督机构的职责有待细化完善 …… 050
三、监督机构协调配合关系需要进一步理顺 …… 051
四、水利监督队伍建设有待加强 …… 052
五、水利重点领域监督有待进一步细化拓展 …… 053

第六章 相关行业经验借鉴 …… 055
一、生态环境监督管理体制情况 …… 057
（一）中央生态环境保护督察工作领导小组及其办公室 …… 057
（二）生态环境部各司局 …… 059
（三）生态环境部派出机构 …… 059
（四）地方生态环境监督机构 …… 060
二、自然资源监督管理体制情况 …… 061
（一）国家自然资源总督察办公室 …… 061
（二）自然资源部各司局 …… 063
（三）自然资源部派出机构 …… 063
（四）地方自然资源监督机构 …… 064
三、医药监督管理体制情况 …… 065
（一）国家药品监督管理局 …… 066
（二）地方药品监督管理机构 …… 067
四、相关经验借鉴 …… 069
（一）实现地方与部委监督职能的有效对接 …… 069
（二）充分发挥派出机构的行业监督职能 …… 070
（三）加强监督队伍的职业化技术化建设 …… 071
（四）有效发挥国家层面的制度平台作用 …… 072

第七章 新时代水利监督的管理体制框架构建 …… 075
一、新时代水利监督管理体制构建的指导思想与基本原则 …… 077
（一）指导思想 …… 077
（二）基本原则 …… 077
二、新时代水利监督的管理体制框架 …… 078
（一）水利部层级 …… 078
（二）流域管理机构层级 …… 081
（三）各省级水行政主管部门层级 …… 084

（四）监督队伍建设 ………………………………………… 088
第八章　主要结论和对策建议 ………………………………………… 093
　一、主要研究结论 ……………………………………………………… 095
　　（一）应从健全机构、细化职责、厘清权限层级关系等方面进一步完善水利监督管理体制 ……………………………………… 095
　　（二）应大力强化水利监督队伍建设，以保障水利监督工作的顺利开展 ……………………………………………………… 096
　二、对策建议 …………………………………………………………… 096
　　（一）加快健全完善水利监督法规政策 …………………………… 096
　　（二）明确中央与地方的水利监督职责划分 ……………………… 097
　　（三）深化各级水行政主管部门对强化水利监督工作的认识 …………………………………………………………… 098
　　（四）进一步理顺监督机构协调配合关系 ………………………… 098
　　（五）进一步细化拓展水利重点领域监督 ………………………… 099
　　（六）充分发挥河长制湖长制等平台对于强化水利监督的支撑作用 …………………………………………………………… 100

参考文献 ………………………………………………………………… 103
附　件 …………………………………………………………………… 109
　附表一　流域管理机构专职水利监督机构及职责内容 …………… 111
　附表二　我国省级水行政主管部门专职监督机构职责 …………… 113
　附表三　新时代水利监督管理体制与当前水利监督管理体制主要内容比较 ……………………………………………………… 121
　附件四　相关政策文件 ……………………………………………… 125
　　水利部职能配置、内设机构和人员编制规定 …………………… 125
　　水利监督规定（试行）和水利督查队伍管理办法（试行） ……………………………………………………………… 130
　　生态环境部职能配置、内设机构和人员编制规定 ……………… 141
　　自然资源部职能配置、内设机构和人员编制规定 ……………… 146
　　国家药品监督管理局职能配置、内设机构和人员编制规定 ……………………………………………………………… 154

第一章 绪论

一、研究背景

党的十八大以来，国家高度重视行政监督工作，实施了中央生态环境保护督察、国家土地督察等一系列有力举措，通过对问题突出、重大事件频发、主体责任落实不力的环节进行监督检查，对相关责任人进行问责追责，不断促进政风扭转和国家治理体系完善；中共中央、国务院印发的《法治政府建设实施纲要（2015—2020年）》明确指出要依法全面履行政府职能，坚持严格规范公正文明执法，并强化对行政权力的制约和监督；历年政府工作报告也将强化行政监督作为各级政府的年度重点工作，《2021年国务院政府工作报告》明确指出，要坚持政务公开，依法接受同级人大及其常委会的监督，强化审计监督；政府工作人员要自觉接受法律监督、监察监督和人民监督；要落实全面从严治党要求，加强法治政府建设。行政监督作为政府行政管理中的重要一环，已经成为国家不断深化改革发展的重要手段，对实现社会经济的健康发展具有重要作用。

近年来，水利行业也不断强化监督工作，将监督检查作为推动水利行业健康可持续发展的重要保障。随着一大批水利基础设施建设完成并投入使用，我国防汛抗旱能力显著提升，供水能力得到有力保障。当前我国水利改革发展所面临的主要矛盾，已经从人民群众对除水害兴水利的需求与水利工程能力不足之间的矛盾，转化为人民群众对水资源、水生态、水环境的需求与水利行业监管能力不足之间的矛盾。水利监督工作作为新时代水利改革发展的重要支撑，既是各级水行政主管部门认真履责的客观要求，也是努力满足人民群众对美好生活用水需求的重要举措。面对新时代治水主要矛盾的深刻变化，水利部明确提出，要将"水利工程补短板，水利行业强监管"作为新时代水利改革发展的工作总基调，并指出未来要建立水利大监管格局。2019年全国水利工作会议明确提出，强化水利监督是破解我国新老水问题，适应治水主要矛盾变化，推动行业健康发展的关键，未来水利行业要全面加强对江河湖泊、水资源、水利工程、水土保持、水利资金以及水利行政事务工作的监管。

2018年，随着水利部机构改革的顺利完成、新的《水利部职能配置、内设机构和人员编制规定》的公布，水利部进一步强化了水利监督职能，组建了新的监督司，明确了水利监督的重点职责。各级水行政主管部门及各流域机构开展了水利安全生产监督、水利项目稽察、水利重点领域督查等一系列行业监督工作，在中央、流域及地方建立了水利行业安全生产监督的组织架构和管理体系，形成了比较完善的工作流程和模式，努力实现全行业在受监督、被约束的环境下工作，防范和化解水利风险。南水北调工程创造性地成立了稽查大队开展突击飞检，并研究建立了一系列监管制度，形成了良好的工程质量监管态势，确保工程安全运行。三峡工程稽察管理工作在特大型水利枢纽工程监督上进行创新，确保了工程顺利建设和投产，并保证了工程效益的发挥。但同时，随着水利监督工作的不断深入，当前水利监督管理体制不能适应新时代水利监督形势的问题也逐渐凸显，监督能力不足问题突出，无法有效地为新时代水利监督工作提供支撑。

根据水利工作新形势的要求，本研究对新时代水利监督管理体制构建进行分析，探讨、完善水利监督机构，优化水利监督机构的职能定位与权责划分，构建水利监督管理体制框架，并提出相关政策建议，为水利监督工作提供支撑。

二、研究意义

（一）理论意义

当前已有研究对水利行业管理体制、水利监督、新时代水利发展等进行了分析探讨，并取得了一定进展，但尚无研究围绕新时代下的新形势新要求，分析对应的水利监督工作管理体制。本研究结合国家治理体系和治理能力现代化、新时代水利改革发展总基调、相关行业监督管理等剖析水利监督工作面临的新形势新要求，并对当前水利监督管理体制的完善需求展开分析，继而构建了新时代水利监督管理体制框架，为新时代水利监督相关研究奠定了一定的理论基础，丰富了水利行业管理体制领域研究，并拓展了有关新时代国家治理体系和治理能力现代化相关研究。

（二）实践意义

新时期治水矛盾已转化为人民群众对水资源、水生态、水环境的需求与水利行业监管能力不足之间的矛盾。而当前水利大监督格局刚刚形成，相关工作仍处于改革进程当中，水利监督工作是新时代水利改革发展的重要支撑。

本研究通过对水利监督管理体制现状展开调研，分析该体制的完善需求，并对生态环境、自然资源、医药等行业监督管理体制构建相关经验进行总结，继而构建新时代水利监督管理体制框架，并为完善该管理体制提出对策建议。研究成果可为当前我国推动水利改革发展、推进水治理体系和水治理能力现代化以及促进水利行业健康可持续发展提供参考。

三、已有研究进展

近年来相关专家学者对水利行业管理体制、水利监督、新时代水利发展等开展了研究，并取得了一定成果。

在水利行业管理体制研究方面，Uysal 对土耳其参与式灌溉管理展开了分析，认为采取用水户协会参与型水利管理体制，可以大幅度降低水利管理成本[1]；Connell 通过总结已有研究并对澳大利亚进行实证分析，得出水利管理体制创新可以有效加强水利管理的结论[2]；Ward 分析了集中市场型水利管理体制对灌溉基础设施投资吸引力的影响[3]；Mollinga 等认为发展中国家的农村水利管理改革成效受限于政策与制度转型，并强调了水利管理体制转型的作用[4]；赵一琦等分析了现行水利体制主要是以行政管理为主，分级、分部门的管理体制影响了水资源的合理配置和综合效益的发挥，创新水利体制机制已成为当务之急[5]；林晓云针对水利管理运营体制改革过程中水利工程究竟属于何种性质的内容、水利行业是否应与行政企业相结合、国有资产管理体制改革应当朝着何种方向进行以及是否存在绝对排斥市场机制等问题进行了具体的分析，并针对水利管理运营体制改革提出建议[6]；赵越系统分析了水利工程精细化与现代化管理的目标、内涵和主要内容，从深化体制改革、促进科技创新、狠抓管理考核、加强领导与提高认识等方面提出科学的建设途径，为促进水利事业持续发展、水利工程科学调度与安全运行提供保障[7]；金秀实从水利工程管理体制、机制、观念、形势等方面，探究了体制改革存在的问题及其原因，对此提出转变思维方式、实行多元投入机制、妥善处理各方面关系、经营方式多样化等改革措施[8]；郭连东对水管体制改革与水利管理现代化进行了深入分析，明确二者之间的关联性，并结合实际现状制定了相应的管理办法[9]；田飞飞等阐述了当下水利工程管理体制模式存在的工作人员职责与定位不清晰、水利工程运行资金紧缺、水利工程管理模式单一落后等问题,并积极探索了水利工程管理体制的创新策略[10];徐保鹏分析了新时代加强水资源管理的必要性,进一步阐释了当前水资源管理存在的管理体制不健全、相关政策与方针有待完善、人类对水资源的需求与水资源本身不和谐等问题,并提出完善水资源管理的对策[11]。

在水利监督研究方面,Wang 等结合 2015—2019 年浙江省重大水利工程的检查复检结果,分析了重大水利工程中存在的问题及其成因,提出应加强有关监督工作[12];Xiang 指出水利水电工程建设安全事故频发造成了巨大的人员伤亡和财产损失,提出应加强水利水电工程施工安全监督力度,提高施工安全管理水平[13];Yonsoo 等分析了大数据和云计算在水资源信息管理监督上的应用[14];Peng 等分析了贵州试点地区现代水利工程建设取得的成绩及改革思路,并指出贵州省新型农业水利建设及监督管理的方向[15];刘春阳运用收益博弈理论,对水利工程建设质量监督中存在的问题予以剖析,提出了推动水利监督机构职能改革的建议[16];张海龙在研究水利工程项目质量监督管理相关内容的基础上,分析当前水利工程项目监督管理工作存在的问题,并提出了监督管理体制完善对策[17];王洪秋针对水利工程质量监督过程中存在的问题进行分析,指出质量监督是水利工程质量管理工作的重点环节和重要举措,并提出了具有针对性的优化应对策略[18];袁敏阐述了水利工程建设发展情况,分析了水利工程建设质量与安全监督管理问题,并对如何解决水利工程建设质量与安全监督管理问题提出了对策建议[19];荣瑞兴对新形势下水利建设工程质量监督管理与模式创新提出建议,指出建设施工单位需要构建一套完善的监督管理机制,并结合工程实际特点不断创新监督管理模式,确保水利工程建设质量[20];张有平对加强农田水利工程建设质量监督管理进行了探讨,指出对于工程施工技术和质量问题,建设单位应高度重视,始终坚持把质量管理作为工程管理的中心环节,加强各层级监管[21];张有文等认为中小型水利工程质量监督工作是水利监管工作弱项,并针对监督工作中存在的问题,从法制、体制、机制、方法等方面提出建议[22];王松春在凝练"三对标、一规划"学习成效的基础上,谋划水利监督工作思路,指出了新时期水利监督工作的阶段性目标和基本原则,以及从法制体制机制建设、监督能力提升、监督成果应用等五个方面落实举措,为指导今后一段时期推进水利监督工作、推动水利高质量发展提供了参考[23];张鹏飞认为基层水利工程质量监督起步较晚,如何运用新手段、新科技、新办法将是基层水利工程质量监督的关键所在[24]；明旭东等指出水利工程监督是水利工程质量安全的重要保障，必须加强对水利工程监督重要性的认知，科学合理地安排水利工程监督工作[25]；杨程指出有效的水利水电工程监督离不开完善的工程质量验收标准和质量管理体系[26]；黄雅嘉分析了目前广东省水利工程质量监督工作开展的状况、成效及存在的问题，并提出了强化水利工程质量监督的思路[27]。

在新时代水利发展研究方面，Ni 等阐述了我国水利工程信息化建设的现状，分析了大数据在新时代水利工程信息化中的可行性，并对大数据技术的具体应用进行了探讨[28]；Wang 分析了现代通信技术在水利工作中的应用，认为现代通信技术能够有效地传递信息，对新时代水利工作的开展至关重要[29]；Li 等认为采用 EPC 总承包模式是新时代水利工程的发展趋势，并基于承包商的视角，梳理了各阶段成本管理的内容及责任主体，对成本管理标准化体系建设进行了探索[30]；Zhao 等研究了多媒体视频系统在水利水电工程管理中的应用，认为多媒体的出现为实现新时代水利水电工程的高效建设和管理提供了平台[31]；方子杰等借鉴国内外经验，对浙江省推进新时代水利高质量发展的对策措施进行了探讨[32]；张旺指出全面强化水利行业监管是解决我国当前复杂的新老水问题、建立科学的水治理体系的根本途径，并强调要全面强化水利行业监管责任，创新水利行业强监管的手段方式[33]；刘伟平指出新时代下我国水利补工程短板仍任重道远，并就加强水利工程安全、工程管理以及工程建设等提出建议[34]；徐建新阐述了智慧水利在新时代水利发展中的应用，并探讨了如何在建设、使用、改革、管理中进一步发挥智慧水利的作用，从而增强人民群众的获得感、幸福感，努力为开创水利改革发展新局面而努力[35]；陈燕分析了新时代水利新闻宣传工作面临的新形势，探讨了新时代水利宣传功能的发挥，并提出相关建议[36]；刘流等结合规程规范和实践经验，分析了新时代做好水利工程移民规划设计工作的要点和重点，包括需从现场实物调查、编制规划设计等方面补短板、强监督[37]；杜雅坤对基于新时代水利改革发展大局的淮河流域治理提出了建议[38]；赵洪涛等针对融媒体时代水利宣传工作面临的新形势和挑战，提出必须及时调整水利宣传工作策略，为贯彻落实水利改革发展总基调、推动新时代水利事业长足发展提供有力的舆论支持[39]。

综上所述，目前已有研究结合对宏观政策的剖析、对相关理论的梳理、对工作实践的总结及展望等，围绕水利行业管理体制、水利监督、新时代水利发展展开了分析探讨。随着新时期治水矛盾的转变，水利大监督格局刚刚形成，水利监督管理体制在一定程度上仍有待完善。而目前尚无结合新形势新要求的新时代水利监督管理体制研究。基于此，本研究立足现有水利监督管理体制，结合水利监督工作面临的新形势新要求，以及相关行业经验，系统构建新时代水利监督管理体制框架，试图在一定程度上弥补已有研究不足，为新时代水利监督管理体制构建提供参考。

四、研究内容

本研究按照"分析水利监督管理体制现状及完善需求—探讨相关行业管理体制构建经验—构建新时代水利监督管理体制—提出对策建议"的思路，对我国新时代水利监督管理体制展开研究。主要研究内容包括以下六部分。

（一）水利监督工作面临的新形势新要求

对水利监督的概念进行界定，区分督促、督查、督察等相关术语；结合国家治理体系和治理能力现代化、新时代水利改革发展总基调、相关行业监督管理工作有效开展等，分析新时代我国水利监督工作面临的形势与要求。

（二）我国水利监督管理体制现状

梳理水利部及流域、地方各级水利部门的监督机构设置、职能划分等方面的现状，总结当前我国水利监督工作在摸清水利现状、查找问题并督促整改、责任追究等方面所取得的成效。

（三）当前水利监督管理体制的完善需求分析

对照新时代水利监督工作的新形势新要求，分析现有水利监督管理体制在监督机构、监督队伍、重点领域监督等方面的完善需求。

（四）相关行业经验借鉴

分析生态环境、自然资源、医药等行业的监督管理体制构建经验，包括行业监督的机构设置、管理架构、权责划分等情况，总结其中值得水利行业监督管理体制构建所借鉴的经验。

（五）新时代水利监督的管理体制框架构建

面向新形势新要求，分析新时代水利监督管理体制构建的指导思想与基本原则，并以之为基础，从水利部及流域管理机构、省级水行政主管部门三层级构建新时代水利监督的管理体制框架，明确监督机构的设定、职能定位、权责划分及监督队伍建设。

（六）主要结论和对策建议

根据上述研究内容得出主要研究结论，并从政策法规、机制创新、平台支撑等方面对进一步完善新时代我国水利监督管理体制提出建议。

五、研究方法及技术路线

（一）研究方法

1. 实地调研法

围绕我国水利监督管理体制现状，对流域机构、各省级水利厅（局）、水利工程管理单位等进行调研，深入了解各地水利监督工作开展的现状和存在问题，为构建新时代水利监督的管理体制提供可靠依据和支撑。

2. 比较分析法

通过对比新形势对水利监督工作的要求与水利监督管理体制现状，分析当前水利监督管理体制的完善需求；对比水利行业与生态环境、自然资源、医药等相关行业的监督工作，提炼相关行业监督的管理体制构建对水利行业对应体制构建的借鉴意义。

3. 问题导向分析法

以所总结的水利监督管理体制完善需求为导向，挖掘相关行业在水利监督管理体制各项完善需求上的可借鉴经验，进而有针对性地提出满足需求的管理体制构建方案，提高研究的实践价值。

（二）技术路线

本研究技术路线如图 1-1 所示。

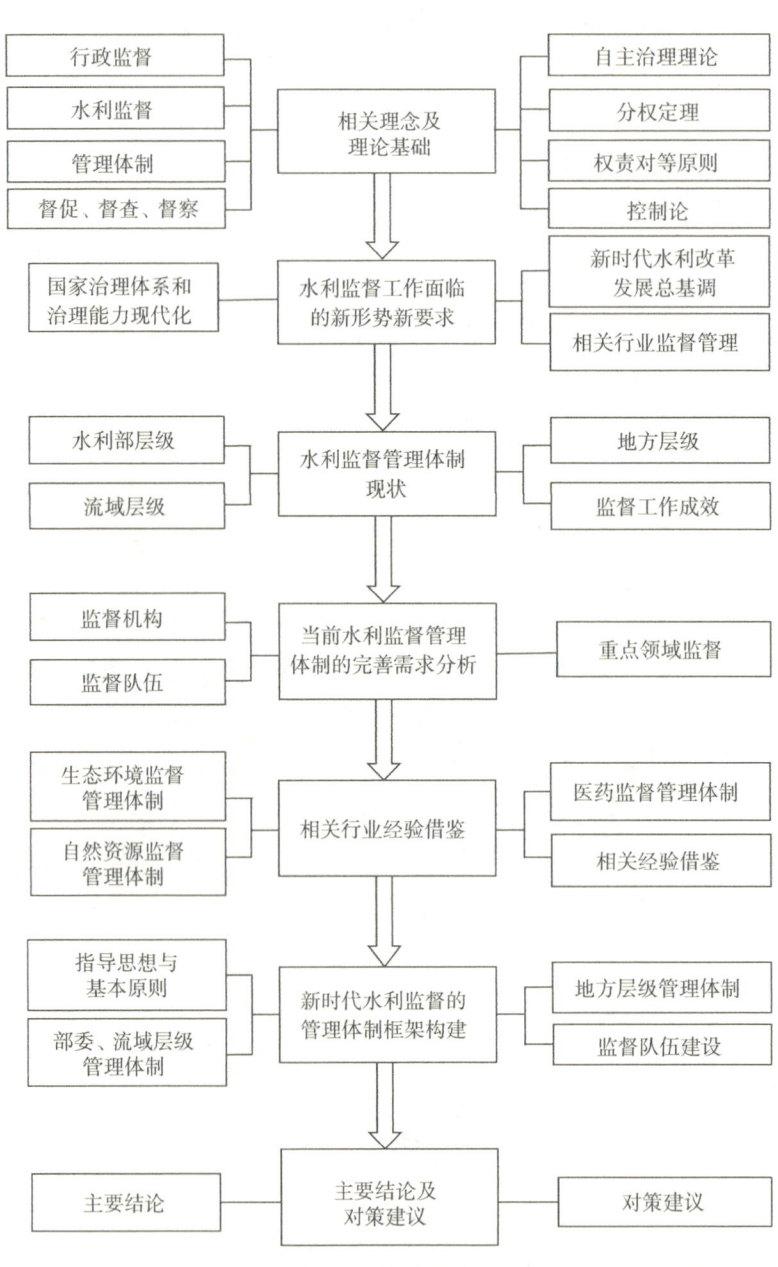

图 1-1 技术路线图

六、创新点

本研究首次对新时代我国水利监督管理体制构建展开分析，在研究内容上具有一定的创新性。目前已有研究对我国水利行业管理体制、水利监督、新时代水利发展等展开了分析，梳理了水利行业管理相关理论，对水利行业管理监督工作中存在的问题进行了剖析并提出对策建议，对新时代水利工程管理、智慧水利、水利新闻宣传工作、水利工程移民安置规划设计等工作进行了深入思考并提出展望。伴随新时代国家治理体系和治理能力现代化的推进、新时期国家治水矛盾的转变、水利改革发展总基调的确定等，尽管我国各级水行政主管部门已经初步进行了监督体系构建，但目前该项工作仍处于探索阶段，现有水利监督管理体制仍存在一定问题，无法满足当前新形势新要求。而目前尚无研究对新时代我国水利监督管理体制进行系统分析并提出改进建议。本研究梳理新时代我国水利监督工作面临的新形势新要求，对我国水利监督管理体制现状展开调研，分析体制完善需求，针对这些完善需求总结生态环境、自然资源、医药等行业监督管理体制构建相关经验，构建满足新形势新要求的新时代水利监督管理体制框架，并对该体制构建提出相应对策建议，在研究内容上对已有水利领域研究具有一定拓展作用。

第二章 相关概念及理论基础

一、相关概念

（一）行政监督

监督是指在社会公共管理事务中，针对行政权力的主体权责、运作效能等方面，按有关规范相对独立地开展检查、审核、评议、督促等相关活动[40]。监督主要用于上级对下级，或在同级之间开展，也可由下级对上级进行监督。行政监督是由国家机关、社会团体（包括政党）或个人对国家行政机关及其公务人员所进行的约束、检查、督促，其目的是使行政机关及其公务人员的政务活动合法、合理[41]。行政监督在行政过程中具有行政督察、行政纠错和行政防护等功能，从而有利于维护正常的行政秩序、保护国家整体利益，以及提高行政工作效率。行政监督是政治监督以及行政管理体系的重要组成部分，是政府行政管理工作的重要环节，已经成为国家不断深化改革发展的重要手段，是促进经济、政治、文化、社会、生态等健康发展必不可少的因素。

（二）水利监督

水利行业十分重视行政监督工作，将强化水利行业监管作为推动水利改革发展的重点内容和关键环节，以及推动水利行业健康可持续发展的重要保障。本研究中的水利监督仅针对水利行业的行政监督，据《水利监督规定（试行）》[42]，水利监督是指水利部、各级水行政主管部门依照法定职责和程序，对本级及下级水行政主管部门、其他行使水行政管理职责的机构及其所属企事业单位履行职责、贯彻落实水利相关法律法规、规章、规范性文件和强制性标准等的监督。

当前我国水利监督工作面临着全新的改革发展形势。首先，国家近年来大力推进法治政府建设，不断完善国家治理体系，促进国家治理能力现代化，大力增强监督严肃性、协同性、有效性，并且提出在加强行政监督，传导压力的同时，各项监督工作不能给地方各级政府部门增加负担，对水利监督工作的统筹协调、组织实施和落实开展提出了更高的要求。其次，新时期我国治水主要矛盾已发生转变，水利部提出"水利工程补短板、水利行业强监管"作为新时期水利改革发展工作总基调，并明确指出强监管是总基调里的主调，水利行政管理的主要职能正逐步向行业管理转变，水利行业的发展要求水利监督工作要不断完善管理、优化流程、提高效率，努力实现"水利行业强监管"的各项任务目标，切实防范水利行业风险。最后，2018年国务院机构改革组建了新的生态环境部、自然资源部、国家药品监督管理局，统一负责相关行业监督工作。这些国家层面的监督管理机构在部门内部设立了多级监督机构，同时地方也对应设立了监督机构，形成了中央与地方监督合力，这些为水利监督工作提供了新参考。本章将基于上述水利监督概念，深入分析当前我国水利监督工作面临的新形势新要求，为分析我国水利监督管理体制现状及完善需求提供背景依据。

（三）管理体制

管理体制是指管理系统的结构及其组成方式，包括采用何种组织形式、如何将这些组织形式结合成有机系统，并以怎样的手段、方法来实现管理的任务和目的。管理体制是规定中央、地方、部门、企业等的机构设置、管理范围、权限职责、利益及相互关系准则，以实现管理任务和目标的制度，其核心是管理机构的设置。管理机构职权的分配以及机构间的相互协调情况直接影响到管理的效率和效能[43]。因此，管理体制构建的重点在于管理架构设置以及部门间权责利协调。

（四）督促、督查、督察

由于本研究涉及督促、督查、督察等易混概念，这里结合研究内容，界定这些概念如下。

督促一般指上级对下级政策落实及工作开展情况的监督催促，督促的目的一般是增强下级政策落实及工作开展的紧迫感，提高其效率，或使得下级更好地完成工作[44]。督促强调口头监督、推动工作，时间感较强。

督查是指在政策执行过程中，相关行政主体按照一定的标准和规范，使用适当的督促检查方法，对执行对象的执行行为进行监督、检查、控制和矫正，以保证合法高效地执行政策[45]。督查主要是上级查看下级政策落实及工作开展情况的例行检查，督查的结果可能导致责任追究，也可能对工作开展得好的单位和个人进行奖励表彰，其目标是促进工作开展，落实上级交办的任务，推动预定目标的实现。

督察是通过依法设立的上级监督机构对下级依法行使法定职责的情况进行检查，从而发现其中的违法乱纪问题，对违法的行为及时提出纠正意见和处罚决定[46]。督察倾向于对有线索指向、涉嫌违法违规的单位和人员的检察，结果可能导致约谈整改、责任追究等，其目的侧重于提醒、督促有关单位和人员遵纪守法，较"督查"而言针对性更强，主要查具体事项，且震慑力更强。督察一般用于司法机关。

二、理论基础

（一）自主治理理论

"治理"（governance）原为控制、引导和操作之意。全球治理委员会于1995年正式确定了治理的新内涵，将治理定义为各种公共的或私人的机构或个人管理其共同事务的诸多方式的综合。

自主治理理论的核心问题是研究一群相互依赖的委托人怎样把自身组织起来、进行自主治理，即便所有人都面对"搭便车"、规避责任或其他机会主义行为诱惑，这群人仍然能够取得持久的公共利益。影响合作决策的四个变量、自主治理面临的三个难题、自主治理制度设计的八项具体原则和多层次自主治理的分析结构，是自主治理理论的核心要素。在公共池塘资源情境中，贴现率、预期成本、预期收益、内部规范四个变量往往会对个体产生影响，于是个体采取合作的行为策略。而人们自发合作实施自主治理，就会遇到三个难题：制度供给、可信承诺以及相互监督。遵照八项设计原则对自主治理制度进行科学设计是应对这些难题的关键。此外，制度建立以后要使自主治理成功延续下去，进行不同层次的自主治理分析是必要的。

因此，在水利监督管理体制构建中，应加强水利监督工作相关的制度建设，明确中央、流域、地方各级水行政主管部门的监督职责，发挥水利部对全国水利监督的统一领导职能、流域管理机构对指定流域片区的监督职能，以及地方水行政主管部门对当地水利工作的监督作用。同时，应加强各级主管部门之间监督职责的有效对接，实现水利监督分级负责、上下配合，形成上下联动、全面覆盖的水利大监督格局。

（二）分权定理

19世纪60年代，美国经济学家奥茨（Oates）提出奥茨分权定理，即"公共服务职责应尽可能下放到能够使成本与利益内部化的最小地理辖区内"。

该定理通过一系列的假设，阐明了分散化提供公共品的比较优势，并为政府间分权的美国财政联邦制提供了理论基础。成本与利益的内部化指社会的某项公共服务的受益范围为一个区域，且成本均由该区域来承担，其他区域既不能得到该项公共服务，也不承担对应的成本。相比中央政府而言，地方政府更了解自己属地的公民，掌握其需求与特点。对于某一项公共产品，如果单位供给成本相同，则地方政府能提供给属地公民的帕累托有效的产出量将比中央政府能提供的高很多。因此，政府机构的级别越低，了解当地公民对某项公共服务的偏好程度、处理相关问题等的成本就会越低。此外，将公共服务下放到基层政府，可以在一定程度上激发基层政府的责任心；便于享受该项公共服务的公民对基层政府展开监督；能够促进公共服务的有效管理；可以调动基层政府的改革创新积极性，促进地方的发展。

在水利监督管理体制构建中，要充分发挥地方层面水利监督的作用，提升水利监督工作的效率效果，并实现水利监督工作的全覆盖。依据属地管理的权限，明确地方水行政主管部门的监督机构，合理划分地方主管部门内部的监督职责，赋予其制定地方水利监督制度、部署地方水利监督工作、落实地方责任追究和问题整改意见，并领导地方督查队伍建设等有关权责。

（三）权责对等原则

权责对等原则是指某机构或个人对某事务所拥有的权力与其所承担的风险或责任相适应。第一，拥有的权力与其所对应的风险或责任相适应。即不能仅仅掌握权力，而不承担风险和责任；也不是只由其承担风险和责任，而不赋予其相应的权力。第二，要让管理者更好地承担其职务对应的风险和责任。判别授权范围合理性的重要因素是管理者所承担的风险和责任，同时应结合积极性调动等，为管理者能更好地完成任务提供机会、创造条件。第三，知人善任。上级应综合判断管理者过去的业绩、能力、素质等，选派合适的人选承担某项职责并完成相应的工作，同时授予相应的职位和权力。第四，加强监督和检查。上级应该不定时对管理者进行严格的监督和检查，以对管理者使用权力的情况有所了解。如果发现不合理的情况，上级应该及时调整管理者的职位和权力，且上级对管理者的渎职也要承担部分责任。

在水利监督管理体制构建中，应在规定各级主体监督权力的同时，明确其具体的监督职责。构建决策科学、执行坚决、监督有力的权力运行机制，"把权力关进制度笼子"。界定中央、流域、地方各级水行政主管部门在水利监督方面的职能定位，细化监督职责范围，确定权力以及与之相对等的责任。此外，在责任追究机制制定中，也要遵循权责对等原则，对管理者权力利用情况进行调查，并对其中权力利用不合理之处追究责任。

（四）控制论

美国著名数学家诺伯特·维纳于1942年提出系统控制的数学理论——"控制论"，并因此被称为"控制论之父"。该理论在跨学科领域得到广泛应用。苗东升在《系统科学精要》（第2版）[47]中认为控制是系统中的一种现象，是施控者选择适当的手段作用于受控者，使其朝着预定目标，按照一定状态运行所进行的活动或所经历的过程。控制是管理中必不可少的一项基本技能，它是对内部单项或多项合并而成的一系列管理活动及其过程和后果（效果）所进行的衡量和校正，旨在保障组织意图有效开展，并确保因此而产生的方案得以正确执行。随着历史的演变，人们也逐渐发现和认知了控制在管理学中的重要地位。行政事业单位内部控制中的"控制"指的是加强管理。行政事业单位内部控制建设不是什么都不让做，控制住一切事务，也不是只注重反腐倡廉；达成部门的行政目标、做好人民所委托的职能、保障国有资产安全完整以及不断提高单位的管理效率才是其根本目的。

在水利监督管理体制构建中，应加强水行政主管部门的内部控制力度。充分发挥水利部对全国水利监督工作的统一领导作用，完善顶层设计，确保各级水利监督均接受统一指挥、按照统一计划及要求进行。同时，各级水行政主管部门内部也应强化内部控制，并加强监督队伍能力建设，以最低的行政成本，实现对水利行业的有效监督。

第三章

水利监督工作面临的新形势新要求

一、国家治理体系和治理能力现代化对水利监督工作提出了新要求

行政监督作为法治政府建设的主要抓手，是国家治理体系和治理能力现代化的有效工具。党的十八大以来，国家通过多项政策文件进一步完善细化监督工作的要求。中共中央、国务院印发的《法治政府建设实施纲要（2015—2020年）》明确提出，要强化对行政权力的制约和监督，把政府活动全面纳入监督范围，使公权力得到有效监督。党的十九大报告将健全党和国家监督体系作为重点内容进行了论述，提出要加强对权力运行的制约和监督，加强对政府各项工作的日常管理监督。党的十九届四中全会也强调要坚持和完善党和国家监督体系，强化对权力运行的制约和监督，并明确必须健全党统一领导、全面覆盖、权威高效的监督体系，增强监督严肃性、协同性、有效性，形成决策科学、执行坚决、监督有力的权力运行机制，确保党和人民赋予的权力始终用来为人民谋幸福，推进国家治理体系和治理能力现代化。历年的政府工作报告也将强化监督作为年度重点工作。《2013年国务院政府工作报告》强调要将健全监督制度作为政府工作的基本准则，加强监督力度。《2019年国务院政府工作报告》提出，要改革调整政府机构设置和职能配置，深入开展国务院大督查，推动改革发展政策和部署落实，发挥审计监督作用。

2019年2月，中央办公厅督查室编印了《习近平关于狠抓落实做好督查工作论述摘编》一书，书中分5个专题摘编了习近平总书记围绕狠抓落实做好督促检查工作发表的一系列重要论述，共计198段。这些重要论述作为习近平新时代中国特色社会主义思想的重要组成部分，明确了监督检查工作的重要性和必要性，进一步对监督工作的职责使命、重点任务提出了要求。

为了保证基层工作的效率，国家还要求在强化行政监督的同时，明确指出行政监督工作不能给地方各级政府部门增加负担，避免监督工作中的形式主义和官僚主义。中共中央办公厅《关于解决形式主义突出问题为基层减负的通知》将2019年作为"基层减负年"，提出力戒监督考核数量繁多、名目众多、工作重点不突出、针对性不强等问题，对督查检查考核工作提出提高思想认识、明确总体要求，严格控制总量、实行计划管理，注重工作实绩、改进方式方法，加强组织领导、激励担当作为等要求。中共中央办公厅《关

于解决形式主义突出问题为基层减负的通知》，要求加强监督计划管理，着力解决督查检查考核过多过频、过度留痕的问题，在监督检查工作中要不断优化改进措施，调查研究、执法检查等要轻车简从、务求实效，不干扰基层正常工作。

在国家推进治理体系和治理能力现代化过程中加强行政监督、实现基层减负的要求下，水利监督工作作为推动水利工作落实的正向反馈和良性机制，需要通过进一步完善水利监督管理体制，优化机构设置、明晰职责定位、加强能力建设，并在此基础上积极转变水利监督思路、有效履行水利监督职能、提升水利监督效率、优化水利监督方式，确保水利监督在无须地方配合、没有繁文缛节、不增基层负担的情况下开展，实现压力传导，让基层有更多的精力来研究问题、落实工作，通过监督帮助基层水利单位发现其自身没有发现或是熟视无睹的顽疾，推动问题解决，为水利行业发展提供有力支撑。

二、新时代水利改革发展总基调为水利监督工作明确了新任务

当前我国新老水问题突出，新时代治水主要矛盾已发生深刻变化。同时，水利行业发展定位和改革目标也逐渐发生了转变。基于此，2018年水利部明确提出将"水利工程补短板，水利行业强监管"作为新时代水利改革发展的工作总基调，为水利监督工作明确了新任务。

一方面，统筹解决新老水问题需要构建水利大监督格局。当前我国新老水问题复杂交织，由于在经济社会发展中没有充分考虑水资源、水生态、水环境承载能力，长期以来人们在开发利用水资源方面的错误行为未得到有效监管，用水浪费、过度开发、超标排放、侵占河湖等问题未被及时叫停，造成了水资源短缺、水生态损害、水环境污染等问题的不断累积、日益突出，并涉及水利行业各个重点领域。同时，水问题的复杂程度也不断增加，各项水问题涉及多方面因素，跨流域、跨领域、跨部门的特点也愈发明显，水资源、水生态、水环境等方面的问题需要全面整合水利行业力量，推动水利行业监管从"整体弱"到"全面强"，既要对水利工作进行全链条的监管，也要突出抓好关键环节的监管；既要对人们涉水行为进行全方位的监管，也要集中用力重点领域的监管。新时期我国治水的主要矛盾已发生转变，从人民对除水害兴水利的需求与水利工程能力不足之间的矛盾，转化为人民对水资源、

水生态、水环境的需求，与水利行业监管能力不足之间的矛盾。

针对这种情况，水利行业将"强监管"作为工作总基调之一，要求精准把握水利改革发展的瓶颈和靶心，在更高层次、更广范围、更深程度全面推进水利监督工作，加强对于水利重点领域的监管。在管理体制上，明确各个部门对于江河湖泊、水资源、水利工程、水土保持、水利资金以及水利行政事务工作等重点领域的监督职能，由专职监督部门对于各项监督检查统筹安排，加强各个部门对水利监督工作的共同参与。各个流域地方要积极响应、认真贯彻落实水利监督工作的各项要求，实现各流域、各层级水利监督工作的协调配合，增强水利监督工作的系统性、整体性、协同性，构建水利大监督格局。

另一方面，水利行业发展对水利监督工作提出了新的任务。近年来，随着一大批水利基础设施建设完成并投入使用，我国防汛抗旱能力显著提升，供水能力得到有力保障。多年来各级水利部门大力开展对水利工程建设、防汛抗旱等工作的安全生产监督、质量监督和项目稽察，我国水利监督形成了比较完善的工作流程和模式，保障了在大规模水利工程建设全面展开的情况下，水利安全生产形势持续保持平稳。

随着治水主要矛盾、主要任务的变化，我国水利部门的发展定位和改革目标也逐渐发生了转变，这对水利监督工作提出了全新的要求。首先，随着近年大批水利工程陆续进入运营阶段，水利部门作为水利工程的建设管理单位，其主要任务从开展大规模的水利建设逐渐转向对于工程的运营管理；其次，水利行业将侧重谋划和推进具有战略意义的补短板重大工程，而这些工程的建设和运营离不开有效的水利监督；再次，面对当前水资源短缺、水生态损害、水环境污染问题不断累积的情况，水利部门作为水资源、水生态、水环境的主要管理部门，需要通过监督检查推动行业管理水平不断提高；最后，作为水利资金的使用部门和水利政务主管部门，水利部门还应认真履行主体责任，通过不断提升资金使用效率和水利行业服务水平，强化能力建设，为水利行业发展奠定良好的基础。针对水利行业发展的新形势，水利行业"强监管"作为新时代水利改革发展的工作总基调之一，要求进一步强化监督机构职能，统筹协调监督检查，完善多层级的监督管理体制，强化监督支撑单位和监督队伍能力建设，满足行业管理水平不断升级的各项需求。

三、相关行业监督管理为水利监督工作提供了新参考

近年来，生态环境、自然资源、医药等行业通过对问题突出、重大事件频发、主体责任落实不力的环节进行监督检查，对相关责任人进行问责追责，不断提升行业治理水平。2018年国务院机构改革组建了生态环境部、自然资源部、国家药品监督管理局，进一步调整优化了各行业监督职能，完善了组织机构设置，整合了行业监督队伍，监督工作取得了良好成效。

2018年国务院机构改革中，新的生态环境部由原环境保护部、国家发展和改革委员会、国土资源部、水利部、农业部以及国家海洋局的相关职责整合而成，统一负责生态环境监测和执法工作，污染防治、核与辐射安全监督管理，中央生态环境保护督察相关工作。中央实行生态环境保护督察制度，生态环境部成立了中央生态环境保护督察工作领导小组及其办公室，负责对生态环境保护监督工作的统一领导；生态环境部各司局均具有明确的业务监督职责；生态环境部各派出机构也专职负责片区内的生态环境保护监督工作；各省级生态环境监督机构也对照生态环境部相关司局的机构设置情况，设置了对应处室，负责辖区内有关监督工作。

2018年国务院机构改革组建了新的自然资源部，整合原国土资源部、国家发展和改革委员会、水利部、农业部、国家林业局等八部委对水、草原、森林、湿地及海洋等自然资源的确权登记管理等方面的职责，统一履行全民所有土地、矿产、森林、草原、湿地、水、海洋等自然资源资产所有者职责和所有国土空间用途管制职责，行使所有国土空间用途管制和生态保护修复职责。与生态环境部类似，自然资源行业实行国家自然资源督察制度。自然资源部设立国家自然资源总督察办公室，负责国家自然资源督察相关工作；各司局也承担明确的监督职责；在全国范围内按片区设有多个派出机构，代表国家自然资源总督察在片区内履行自然资源督察职责；各省级自然资源厅也对照自然资源部机构设置情况，设立相关处室履行地方相关领域监督职责。

2018年国务院机构改革对原国家食品药品监督管理总局进行了机构调整，单独组建国家药品监督管理局，作为受国家市场监督管理总局管理的副部级国家局，履行药品监督管理职能。我国药品市场监管实行分级管理，药品监管机构只设到省级，药品经营销售等行为的监管，由市县市场监管部门统一承担。国家药品监督管理局负责制定药品、医疗器械和化妆品监管制度，

并负责全国药品、医疗器械和化妆品研制环节的许可、检查和处罚；省级药品监督管理部门负责辖区内药品、医疗器械和化妆品生产环节的许可、检查和处罚，以及药品批发许可、零售连锁总部许可、互联网销售第三方平台备案及检查和处罚。为了加强药品监督，确保药品安全，国家药品监督管理局明确了各个司局的监督职责，各省级药品监督管理局也对应设有相关处室，负责辖区内药品监督工作。

这些行业监督管理体制构建举措，为水利监督工作开展提供了新的参考。水利部在2018年完成机构改革，并陆续通过《水利部关于成立水利部督查工作领导小组的通知》《水利监督规定（试行）》及地方水行政主管部门新的"三定"方案等，确定了各级水行政主管部门的水利监督机构设置、职责划分等，初步构建了水利监督管理体制。但目前在水利监督工作开展过程中，还存在一些有关监督管理体制的问题。因此，可以参考生态环境、自然资源、医药等行业相关经验，完善当前水利监督管理体制，提高水利监督效率效果。

第四章 水利监督管理体制现状

水利监督工作作为新时代水利改革发展的重要支撑，既是各级水行政主管部门认真履责的客观要求，也是水利行业努力满足人民群众对美好生活用水需求的重要举措。2019年全国水利工作会议指出，未来水利行业要将"水利工程补短板，水利行业强监管"作为新时代水利改革发展的工作总基调，全面加强对江河湖泊、水资源、水利工程、水土保持、水利资金以及水利行政事务工作等重点领域的监管，将强化水利监督作为破解我国新老水问题，适应治水主要矛盾变化，推动行业健康发展的关键。

在上述背景下，为了进一步落实强监管工作要求，提升水利监督工作水平，水利部、各流域管理机构、地方水行政主管部门以机构改革为契机，进一步优化了机构设置，强化水利监督职能，积极推动水利监督管理体制建设，开展各项水利监督检查工作。为了更好地了解全国水利监督管理体制现状，2019年4月至8月，课题组与水利部监督司（水利部督查工作领导小组办公室）开展了多次座谈，并赴北京、天津、广东、江苏、浙江、上海、湖北、甘肃等地进行专题调研，全面了解各级水行政主管部门监督管理体制现状，梳理水利部及流域管理机构、省级水行政主管部门水利监督的机构设置及职能划分情况，总结水利监督工作目前取得的成效，为进一步完善新时代水利监督管理体制提供了可靠依据。

一、水利部水利监督机构设置及职能划分现状

在本次机构改革中，按照中共中央办公厅、国务院办公厅印发的《水利部职能配置、内设机构和人员编制规定》（简称"新的水利部'三定'方案"）要求，水利部优化调整了部本级水利监督机构职能，在原安监司的基础上，专门成立监督司作为水利部专职监督机构，负责全国水利综合监督工作，督促检查水利重大政策落实情况，组织开展重点工作的监督检查；在履行业务领域监督职责方面，明确了办公厅、规划计划司、政策法规司、水资源管理司、河湖管理司等19个部门在各个重点领域的监督职责，进一步强化了各项水利专业监督职能。2018年12月，为贯彻落实"水利行业强监管"工作总基调对于加快水利监督体系建设的要求，水利部成立了水利督查工作领导小组，由时任水利部部长鄂竟平任组长，副部长叶建春任副组长，负责统筹协调水利部水利监督工作，领导小组下设办公室（以下简称"水利部督查办"），

具体承担领导小组交办的日常工作，进一步强化了水利部对全国水利行业监督工作的统一领导。

（一）水利部水利督查工作领导小组及其办公室

2018年12月31日，水利部下发了《水利部关于成立水利部水利督查工作领导小组的通知》，决定成立水利部水利督查工作领导小组，统一领导全国水利监督检查工作，研究部署水利督查重点工作，协调解决有关重点问题，并提出责任追究意见。在此基础上，为了更好地组织协调全国范围内的重点监督检查工作，按照2018年12月1日部长专题办公会议纪要（第九十九期）以及《水利部关于成立水利部水利督查工作领导小组的通知》要求，水利部成立水利部水利督查工作领导小组办公室，办公室设在监督司，负责统筹协调水利部各项监督检查工作，指导水利部督查队伍建设和管理，并承担水利部领导小组交办的日常工作。

2019年，水利部印发了《水利监督规定（试行）》，其中进一步明确水利部水利督查工作领导小组的职能定位是"统筹协调全国水利监督检查，组织领导水利部监督机构"。同时细化了水利部领导小组的具体职责，规定其职责内容包括：决策水利监督工作，规划水利监督重点任务；审定水利监督规章制度；领导水利督查队伍建设；审定水利监督计划；审议监督检查发现的重大问题；研究重大问题的责任追究；其他监督职责。

同时，《水利监督规定（试行）》还进一步明确了水利部督查办的主要职责，具体包括：统筹协调、归口管理水利部各监督机构的监督检查任务；组织制定水利监督检查制度；指导水利督查队伍建设和管理；组织制定水利监督检查计划；履行江河湖泊管理、水资源管理、水旱灾害防御、水利工程建设管理等相关事项的监督检查；组织安排特定飞检；对监督检查发现问题提出整改及责任追究建议；受理监督检查异议问题申诉；完成水利部水利督查工作领导小组交办的其他工作。此外，水利部印发的《水利督查队伍管理办法（试行）》中还规定，水利部督查办负责统筹安排水利督查计划，组织协调水利督查队伍开展督查业务等相关职责。

作为全国水利监督工作的领导机构，2019年以来，水利部水利督查工作领导小组就制定监督制度、完善监督体制、健全监督机制等方面提出了多项具体要求，提出水利监督工作要逐步实现"统一指挥，统一要求，统一计划，统一平台，统一管理"，建立一整套务实高效管用的监管体系；积极推动水利部督查办及各司局构建水利监管"2+N"制度体系，为依法开展水利监督工作提供制度保障；要求水利监督大力强化发现问题、确认问题、整改问题、责任追究，即"查、认、改、罚"四个关键环节，并根据水利行业实际情况，确定年度水利监督重点任务，在统筹协调水利监督工作上发挥重要的领导作用。

水利部督查办作为水利督查工作领导小组的办事机构，按照水利部水利督查工作领导小组制定的工作计划，承担水利部"急""重""难"的水利监督检查事项，先后派组参加特定飞检、水利工程建设、举报调查、河湖"四乱"核查、华北地区地下水超采综合治理、水利资金、南水北调工程安全运行、水利工程运行管理、农村饮水安全、小型水库、水毁修复项目、水闸、山洪灾害防御、淤地坝、督查事项现场核查等一系列督查工作。截至2019年10月底，水利部督查办共派出128组次，检查1 180个项目，发现各类问题3 098项。

（二）水利部监督司

2018年7月，按照新的水利部"三定"方案要求，水利部整合了原安监司、国务院三峡工程建设委员会办公室稽察司、国务院南水北调工程建设委员会办公室监督司的监督力量，组建了新的水利部监督司，作为水利部专职监督机构，负责全国水利综合监督工作，督促检查水利重大政策落实，组织开展各业务领域的督查等。

根据新的水利部"三定"方案，监督司职责内容包括：督促检查水利重大政策、决策部署和重点工作的贯彻落实；组织开展节约用水、水资源管理、水利建设与管理等相关业务领域的督查；组织实施水利工程质量监督，指导水利行业安全生产工作，组织或参与重大水利质量、安全事故的调查处理；组织指导中央水利投资项目稽察；指导水库、水电站大坝安全监管；组织指导水利工程运行安全管理的监督检查；指导协调水利行业监督检查体系建设；承办部领导交办的其他事项。

监督司成立后，按照强化水利监督的工作要求，开展了全国节水供水重大水利工程稽察，积极开展了安全生产监督、质量监督、项目稽察、重点工程监督、水利资金监督、政务监督等一系列强监管工作。2019年以来，监督司会同7大流域管理机构，组织开展各类监督检查，共派出1 172组次、

3 890人次，涉及31省（区、市）和新疆生产建设兵团，检查20 214个项目，发现各类问题39 200项。

（三）水利部其他司局

2019年全国水利工作会议中明确提出既要对水利工作进行全链条的监管，也要突出抓好关键环节的监管；既要对人们涉水行为进行全方位的监管，也要集中用力于重点领域的监管，未来水利行业要全面加强对江河湖泊、水资源、水利工程、水土保持、水利资金以及水利行政事务工作的监管。

强化水利各重点业务领域的专业监督成为新时代水利监督工作的重要内容，新的水利部"三定"方案进一步明确了除监督司以外，其他司局的监督职责，规定办公厅、规划计划司、河湖管理司、水资源管理司、全国节约用水办公室等19个司局负责全国各自业务领域重点工作的监督检查，提出相应的监督检查工作要求，并对发现问题进行整改落实。在水利强监管工作中，河湖管理司负责江河湖泊领域监督管理，水资源管理司、全国节约用水办公室、水文司、调水管理司等4个司局负责水资源领域监督管理，水利工程建设司、运行管理司、农村水利水电司、水库移民司、三峡工程管理司、南水北调工程管理司、水旱灾害防御司等7个司局负责水利工程领域监督管理，水土保持司负责水土保持领域监督管理，财务司负责水利资金领域监督管理，办公厅、规划计划司、政策法规司、人事司、国际合作与科技司等5个司局负责水利行政事务工作领域监督管理。水利部各司局的监督职能定位及职责见表4-1。

表4-1 水利部各司局的监督职能定位及职责

编号	机构名称	监督职能定位	监督职责内容
1	监督司	负责全国水利综合监督工作，督促检查水利重大政策落实，组织开展各业务领域的督查等。	（1）督促检查水利重大政策、决策部署和重点工作的贯彻落实； （2）组织开展节约用水、水资源管理、水利建设与管理等相关业务领域的督查； （3）组织实施水利工程质量监督，指导水利行业安全生产工作，组织或参与重大水利质量、安全事故的调查处理； （4）组织指导中央水利投资项目稽察； （5）指导水库、水电站大坝安全监管； （6）组织指导水利工程运行安全管理的监督检查； （7）指导协调水利行业监督检查体系建设； （8）承办部领导交办的其他事项。

（续表）

编号	机构名称	监督职能定位	监督职责内容
2	办公厅	主要负责协助部领导业务工作（包括领导监督工作）的综合协调，组织水利部机关日常工作。	（1）负责协助水利部领导对机关政务、包括水利监督在内的业务等有关工作进行综合协调，组织部机关日常工作； （2）负责部机关公文处理、督办督查等工作，并指导水利系统相关工作； （3）承办部领导交办的其他事项。
3	规划计划司	主要负责编制水利相关规划并组织、指导、监督、审查规划实施评估工作。	（1）组织指导重大水利规划实施评估工作，指导水工程建设项目合规性审查工作； （2）组织指导城市总体规划和重大水利建设项目等有关防洪论证工作； （3）组织监督、审查、审批全国重大水利建设项目和部直属基础设施建设项目建议书、可行性研究和初步设计报告； （4）负责中央审批（核准）的大中型水利工程移民安置规划大纲审批和移民安置规划监督、审核工作。
4	政策法规司	主要负责对水利依法行政工作，水利政策、法律、法规等方面工作的实施情况进行监督。	（1）监督实施水利普法规划、水利政策研究、制度建设项目规划和年度计划； （2）负责部"放管服"改革工作、水利法律、行政法规和部门规章实施情况的监督检查。
5	财务司	主要负责水利资金拨付、资产配置、水权交易等方面的监督。	（1）监督实施中央财政水利专项资金三年滚动规划和实施方案； （2）统筹协调中央财政水利资金监督管理并承担中央水利行政事业单位国有资产配置、使用和处置等的监管工作； （3）对水权交易平台建设、运营和水权交易重大事项进行监督管理。
6	人事司	主要负责水利教育、队伍建设、干部的监督工作。	（1）负责部直属单位领导班子、部管后备干部队伍建设和干部监督工作； （2）监督实施水利干部教育培训规划。
7	水资源管理司	主要负责水资源管理的监督。	监督实施水量分配工作，负责最严格水资源管理制度考核。
8	全国节约用水办公室	主要负责全国节水管理的监督。	（1）监督实施用水效率控制制度和指导节水标准、用水定额的制定； （2）承担节水考核有关工作。

（续表）

编号	机构名称	监督职能定位	监督职责内容
9	水利工程建设司	主要负责水利项目建设和市场信用的监督管理。	负责水利建设项目法人责任制、建设监理制、招标投标制、合同管理制执行情况的监督管理。
10	运行管理司	主要负责水利工程安全运行的监督工作。	组织指导水利工程安全监测。
11	河湖管理司	主要负责河长制、湖长制等河湖管理方面的监督。	（1）督查河长制、湖长制实施情况； （2）监督河道采砂管理工作； （3）监督河道管理范围内建设项目和活动管理有关工作。
12	水土保持司	主要负责全国水土工作的监督。	（1）负责水土流失监督管理和监测评价； （2）监督实施水土保持政策、法律、法规和技术标准； （3）监督实施全国及重点区域水土保持规划。组织全国水土流失调查、动态监测。
13	农村水利水电司	主要负责农村水利水电工作的监督实施。	监督实施农村水利和农村水电法规、政策、发展战略、发展规划和行业技术标准。
14	水库移民司	主要负责水利工程移民及水利扶贫工作的监督。	（1）监督实施水利工程移民和水库移民后期扶持法规、政策和技术标准； （2）负责水利工程移民安置实施的监督指导工作，实施水利工程移民安置的资金稽察、监督评估、验收等制度，协调指导南水北调工程移民后续发展规划、对口协作等工作并监督实施。
15	水旱灾害防御司	负责对全国水旱灾害防御工作的监督。	（1）组织编制重要江河湖泊和重要水工程防御洪水方案和洪水调度方案并组织实施； （2）组织编制干旱防治规划及重要江河湖泊和重要水工程应急水量调度方案并组织实施； （3）组织协调指导洪泛区、蓄滞洪区和防洪保护区洪水影响评价工作。
16	水文司	负责全国水文工作、水文站网建设、水文要素监测方面的监督。	（1）监督实施水文法规、政策、规划和技术标准； （2）监督实施国家水文站网规划，组织实施对江河湖库和地下水包括水位、流量、水质、泥沙等水文要素监测。

（续表）

编号	机构名称	监督职能定位	监督职责内容
17	三峡工程管理司	负责三峡工程运行管理的监督。	（1）监督实施三峡工程运行调度规程规范编制； （2）监督三峡工程运行安全和三峡水库蓄退水安全工作； （3）负责制定三峡后续工作年度实施意见，组织项目申报和合规性审核； （4）监督年度资金分配建议方案及执行情况。
18	南水北调工程管理司	负责南水北调整体工程建设运行管理的监督。	（1）监督指导南水北调工程安全运行管理，组织开展监督检查； （2）督促指导地方南水北调配套工程建设。
19	调水管理司	负责全国流域、区域调水工作的监督。	（1）监督检查重要流域、区域以及重大调水工程的水资源调度工作实施情况； （2）监督实施重点跨省、自治区、直辖市江河流域年度水量调度计划。
20	国际合作与科技司	负责水利科技政策、发展规划、技术标准、规程规范制定等方面的监督。	（1）监督检查水利科技政策与发展规划实施情况； （2）组织拟订水利行业的技术标准、规程规范并监督实施，归口管理水利行业质量监督工作。

目前水利部上述各个司局根据工作要求，承担了相关监督职责，并与水利部督查办相互配合，在2019年开展了一系列水利监督工作。例如：水利部督查办配合办公厅开展了水利部2019年度督办事项立项工作，已立项考核事项284项；水旱灾害防御司与监督司开展了山洪灾害防御暗访，共派出29组次99人次，暗访了61个县的245个行政村，发现问题531个；水土保持司与监督司共同开展淤地坝安全度汛督查，按照方案适时参与现场检查，并以"一省一单"形式通报山西、陕西、青海、宁夏4省（自治区）；农村水利水电司配合监督司、水利部督查办等单位，参与农村饮水安全暗访工作，涉及29个省（自治区、直辖市）和新疆生产建设兵团，累计检查154县，3108村，走访群众10 425户，人饮工程2 351个，水源地1 171个，按报告统计发现问题1 652项；水文司与监督司相互配合，开展了地下水监测站"千眼检查"、水文站"百站检查"，参加6省和兵团的地下水监测站"千眼检查"及广东的水文站检查。通过一系列专业监督工作的开展，各个司局与水利部督查办及监督

司配合协调效果良好。

（四）水利部监督队伍

2019年全国水利工作会议指出，明确水利监管的职责机构和人员编制，建立统一领导、全面覆盖、分级负责、协调联动的监管队伍，是构建新时代水利监督管理体制的关键。

2019年7月19日，水利部正式印发了《水利督查队伍管理办法（试行）》，其中规定水利部监督队伍包括承担水利部督查任务的组织和人员，主要负责对各级水行政主管部门、流域管理机构及其所属企事业单位等履责情况进行监督检查。水利部监督队伍由水利部督查工作领导小组负责领导，水利部督查办组织协调监督工作开展，水利部各职能部门负责业务指导，水政执法机构依法实施行政处罚、行政强制，水利部相关直属单位承担监督检查任务执行、监督检查工作实施保障等，流域管理机构组建流域监督检查队伍，负责指定区域的监督检查工作。

监督司为水利部的专职监督机构，本次水利部机构改革在监督司设立了综合处、安全监督处、质量监督处以及监督一处至监督四处共七个处室，其中安全监督处主要负责安全生产监督，质量监督处主要负责工程质量监督，监督一处至监督四处则分别负责七大流域及南水北调工程的监督工作。

同时，按照水利部水利督查工作领导小组要求，水利部督查办以建设管理与质量安全中心（以下简称"建安中心"）为基础组建了部本级的专职监督检查队伍，由水利部综合事业局统筹相关人员编制和资金设备保障，组成水利部督查办监督检查队伍，极大强化了水利监督队伍力量，有力推动了各项水利重点监督工作的落实。此外，水利部按照相关部直属事业单位的主要职能，以建安中心、河湖保护中心、水资源管理中心、节约用水促进中心、水土保持监测中心等作为水利部监督队伍的支撑单位，配合水利部督查办、监督司和其他司局共同开展水利监督工作。

二、流域水利监督机构设置及职能划分现状

为切实贯彻落实"水利工程补短板，水利行业强监管"的工作总基调部署要求，加快流域水利监督体系建设，各流域管理机构按照水利部统一部署，认真履行流域协调、监督、指导职能，在机构改革过程中对照水利

部的监督机构设置及职能划分情况，均采用了"1+1+N"模式（1个监督局/处、1个下属专职监督检查单位，N个业务支撑单位），成立了监督处（或监督局、安全监督局、安全监督处）作为专职监督机构，并明确1个专门负责流域监督检查的下属事业单位，确定N个技术支撑事业单位，共同负责流域内的水利综合监督工作，督促检查片区水利重大政策的贯彻落实，组织开展片区业务领域的督查。同时，与水利部的专业监督职能划分相对应，各流域管理机构对相关业务部门的专业监督责任予以明确，提出由业务部门牵头组织开展本业务领域的专业监督工作。此外，各流域管理机构也均成立了流域管理机构水利督查工作领导小组，负责流域管理机构水利督查重点工作的部署协调工作，并组建了监督队伍，全面加强水利监督工作。

（一）流域督查工作领导小组

为了保证各流域水利监督工作能按照水利部统一部署合理有序开展，流域管理机构均成立了流域管理机构水利督查工作领导小组，领导协调本流域水利监督工作。

按照《水利监督规定（试行）》，各流域管理机构水利督查工作领导小组，负责组建流域管理机构督查队伍并承担相应职责；负责指定流域片区内综合性监督检查工作；配合水利部督查办开展片区内的监督检查工作；受委托核查发现问题的地方水行政主管部门、其他行使水行政管理职责的机构及其所属企事业单位对问题的整改情况。

2019年以来，水利部直属流域管理机构水利督查工作领导小组按照水利部要求，带领流域管理机构深入学习贯彻水利行业"强监管"总基调，各个流域逐步形成了重视水利行业监督的良好氛围；对流域管理机构年度水利督查重点工作进行了部署协调；领导并初步组建了流域管理机构水利监督检查队伍；积极协调流域管理机构监督工作，按监督检查发现问题提出整改清单，督促重点问题整改。

（二）流域管理机构监督处（局）

各流域管理机构在机构改革中，按照水利部提出的"原则上要在机关设立监督处（局）"的要求，通过新设或调整机构职能，均成立了流域监督处（局）作为流域专职水利监督机构，负责流域管理机构水利综合监督工作，督促检查流域内水利重大政策的贯彻落实，组织开展流域业务领域的监督检查等。

其中长江水利委员会将该专职监督机构命名为监督局，黄河水利委员会将其命名为安全监督局，珠江水利委员会、海河水利委员会、太湖流域管理局均设立安全监督处，而淮河水利委员会、松辽水利委员会则成立监督处。

与水利部监督司职能划分相对应，各流域管理机构专职监督机构的主要职责包括：督促检查本流域水利重大政策、决策部署和重点工作的贯彻落实；组织拟订流域水利行业安全生产和水利工程质量监督政策法规并监督实施；组织开展流域节约用水、水资源管理、水利建设与管理等相关业务领域的督查；指导本流域内水利工程建设安全生产的监督管理，负责流域水利行业安全生产监督管理工作；组织水利投资项目稽察；指导协调水利工程质量监督检查体系建设；承办流域管理机构领导交办的其他事项。

2019年各流域管理机构监督处（局）努力开展专职队伍建设，就年度水利部各项专项督查任务的承接、分工、执行、反馈建立相应的内部运行机制，牵头相关业务处室，组织各项流域重大的综合监督；配合相关业务处室，对专业领域业务工作开展情况进行监督检查，积极、及时发现问题并督促整改，不断提升流域监督水平。各流域专职水利监督机构及其职责内容见附表一。

（三）流域管理机构其他处（局）

为保证流域内各个重点领域的监督检查顺利进行，与水利部各司局的监督职能划分相对应，水利部直属流域管理机构在机构改革中，进一步明确了除监督处（局）外的其他处（局）在各自业务领域的监督职责，主要包括规划计划、工程建设与运行、水资源管理、河湖管理、水土保持、农村水利、水旱灾害防御、政策法规、财务、人事、国际合作与科技等业务。各流域管理机构对这些处（局）的具体监督职责规定不完全相同，但均涵盖了江河湖泊、水资源、水利工程、水土保持、水利资金及行政事务工作等重点监督领域。

2019年各流域相关处（局）按照年度流域督查重点工作部署，配合水利部及流域管理机构的专职监督机构开展了水资源、水旱灾害、水土保持等多项业务领域的监督检查工作，抽调业务骨干加入暗访调研组和督查组，在各自的监管领域提供业务指导、技术支撑和后勤保障，对发现的问题落实整改责任单位，加强督促检查，确保监督检查工作有序进行。

（四）流域监督队伍

《水利监督规定（试行）》中明确，流域管理机构要组建督查队伍，负责指定区域的督查工作。各流域管理机构按照水利部统一部署，多采用"1+1+N"模式（1个监督局/处、1个下属专职监督检查单位、N个业务支撑单位）组建了流域水利监督队伍。

其中流域各专职监督机构负责开展各项水利重点监督检查。流域管理机构相关直属单位，作为流域水利监督工作的支撑单位，受流域管理机构委托，依据职责分工承担流域有关督查任务执行、督查工作实施保障等工作。流域专职监督检查单位一般为流域管理机构直属河湖保护与建安中心，作为流域监督队伍的主要力量，其主要职责一般包括：承担对流域内水利重大政策、具体部署和重点工作贯彻落实的督促检查工作，以及流域有关重点业务领域监督检查具体工作；承担流域内中央水利投资项目稽察工作；配合流域管理机构督查办开展监督检查工作等。此外，各个流域管理机构均明确了下属规划设计、水政执法、水文监测等多个相关单位作为水利监督的支撑单位，为流域水利监督提供技术、人员、设备的全方位支撑。

三、地方水利监督机构设置及职能划分现状

2019年全国水利工作会议召开后，各地水行政主管部门认真学习领会"水利行业强监管"的深刻含义，积极响应水利部号召，凝聚强化水利监督共识，结合机构改革的契机，优化水利监督机构设置及职能划分，组织开展水利监督队伍建设，促进上下联动的监督体系形成。

各省级水行政主管部门在机构改革过程中进一步强化了水利监督职责，大部分省份专门设立了专职监督机构，督促检查地方水利重大政策落实，组织开展地方业务领域的督查等；部分省份成立了水利督查工作领导小组，作为地方水利监督的领导机构，积极落实水利监督的各项要求；多数省级水行政主管部门明确了各类下属单位作为水利监督工作支撑单位，组建地方水利监督队伍，承担水利监督检查各项工作。

（一）省级水利督查工作领导小组

随着水利部水利监督领导机构的设立，为了确保地方水利监督工作的有

序开展、与水利部监督工作能有效联动，部分省份已成立或已制定方案成立水利督查工作领导小组，作为地方水利监督工作的领导机构，领导地方的水利监督工作。

目前，北京、浙江、吉林等多个省市已成立水利督查工作领导小组，并由各省级水行政主管部门主要领导担任组长，负责统筹协调地方的水利督查重点工作，其具体职责一般包括：审核地方水利督查工作规章制度；围绕地方年度水利监督工作要点，统筹地方各类监督检查需求，提出年度督查计划；领导部署地方年度水利督查重点工作，推动督促重点问题整改；协调解决水利督查有关重要问题，并提出责任追究意见等。

（二）省级水利监督机构

在设立专职水利监督机构方面，为满足强化水利监督工作需求，我国多数省级水行政主管部门成立了专职监督机构。北京、上海、西藏等25个省（自治区、直辖市）设立了独立的监督处或安全监督处；内蒙古自治区水利厅设立了运行管理监督处，陕西省水利厅设立了建设监督处，作为其水利专职监督机构；宁夏水利厅设立安全生产与监督处；四川、海南、湖南3省的水行政主管部门将其专职监督机构与政策法规处进行整合，共同开展监督执法工作。

我国省级水行政主管部门专职监督机构设置情况如表4-2所示。根据各省级水行政主管部门新的"三定"方案，所设立省级水行政主管部门专职监督机构的具体职责见文后附表二。

表4-2　我国省级水行政主管部门专职监督机构设置情况

省（自治区、直辖市）	北京	上海	陕西	宁夏	西藏	天津	湖北
专职监督机构	安全监督管理处	安全监督处	建设监督处	安全生产与监督处	监督处	安全监督处	监督处
省（自治区、直辖市）	四川	内蒙古	海南	湖南	新疆	重庆	黑龙江
专职监督机构	审计与安全监督处	运行管理监督处	政策法规与监督处	运行管理与监督处	监督处	监督处	监督处
省（自治区、直辖市）	辽宁	吉林	河北	河南	山东	山西	安徽

（续表）

专职监督机构	监督处	监督处	监督处	监督处	监督处	监督处	监督处
省（自治区、直辖市）	浙江	江苏	福建	广东	云南	贵州	青海
专职监督机构	监督处	监督处	监督处	监督处	监督处	监督处	
省（自治区、直辖市）	甘肃	江西	广西				
专职监督机构	监督处	监督处	监督处				

设有专职监督机构的地方水行政主管部门，大多对照水利部监督司职能定位，结合本地水利工作实际情况，明确由监督处负责地方水利综合监督工作，组织开展地方业务领域的监督检查。相关具体职责一般包括：监督检查地方水利重大政策、决策部署和重要工作的贯彻落实情况；组织开展节约用水、水资源管理、水利建设与管理等相关业务领域的督查；组织实施地方水利工程质量监督工作；组织实施水利工程项目稽察工作；承担地方水利行业安全生产监督管理工作；组织或参与制定地方水利行业安全管理规程规范；指导厅属水利工程管理单位、生产经营类单位和重点建设项目的安全监管；组织地方重大水利安全生产事故的调查处理等。但同时，一些地方对于水利监督专职机构职能定位的认识也存在差异，如江苏等省份虽然设立了监督处，但其职能仍和原安监处保持一致，主要负责工程建设管理和安全生产监督，不履行其他综合监督职能；湖北、甘肃等部分省份水行政主管部门在实际工作中，缺少对于综合监督和专业监督工作的区分，在实际工作中将水利部下达的所有水利监督任务均交由监督处负责，出现了专职监督部门工作强度过高现象，影响了各项监督工作的顺利进行。

在强化专业监督方面，为了加强对各业务领域工作的监督，各省级水行政主管部门在新的"三定"方案中大多进一步明确了相关业务处室对于本业务领域的专业监督职能，要求业务处室按照各自职责提出本业务范围内的监督检查工作要求，组织指导开展重点领域监督工作，积极牵头组织业务领域监管，对地方江河湖泊、水资源、水利工程、水土保持、水利资金及行政事务工作等领域开展有效监管。

（三）省级监督队伍

由于地方水行政主管部门行政编制有限，专职水利监督力量不足，为切实落实监督工作，提高水利监督效能，各省级水行政主管部门积极通过整合水利行业力量，强化地方水利监督检查队伍建设。目前，各地方水行政主管部门监督队伍组成单位除已设立的专职监督机构外，还包括下属的相关事业单位，如工程质量与安全监督中心、工程建设监督中心、河湖管理中心、河务管理局等，这些单位受省级水行政主管部门委托，作为地方水利监督队伍的重要组成部分，承担辖区内的水利监督检查工作，并为监督检查工作实施保障、提供支撑。如湖北省水利厅由下属水利工程建设监督中心负责具体的水利工程建设运行监督检查以及安全生产、质量监督、项目稽查等工作；云南省水利监督队伍主要由云南省水利水电建设管理与质量安全中心组成，具体负责承担水利水电工程质量监督工作，为水利工程建设项目稽察提供技术支撑；北京市水利工程质量与安全监督中心站作为北京市水利监督队伍的重要组成部分，负责全市水利工程的质量监督工作，包括监督水利工程质量事故的处理，负责水利监督人员的培训，承担北京市水利工程施工现场的安全生产监督检查等工作。

四、水利监督工作取得的成效

2019年以来，水利部及各流域、地方水利监督机构认真贯彻落实全国水利工作会议精神，努力践行"水利工程补短板，水利行业强监管"的新时期水利改革发展总基调，高度重视水利行业强监管工作，以机构改革为契机，逐步转变工作重心，努力强化水利监督职能，明确了相关监督机构及其监督职责，包括领导机构、专职监督机构及业务监督机构，积极组建监督队伍，推动完善水利行业强监管体制，为开展各项水利监督工作奠定了良好基础。通过各级部门强监管工作的扎实开展，目前我国水利监督工作已经取得了一定成效。

一是通过监督检查进一步摸清水利相关底数，为推进水利改革发展提供了依据。各级水利监督机构通过开展高频次全覆盖的监督检查，较为全面地掌握了当前各项水利工作的实际情况，修订完善了大量水利相关数据，从而为推进各项水利工作的开展提供了重要依据。2019年上半年，水利部监督司牵头并由相关司局、各流域管理机构配合，共派出385组次、1 334人次，检查了6 547座小型水库，详细了解水库行政责任人、技术责任人、巡查责任人履职情况和水雨情监测预报预警通信、调度运用方案、安全管理（防汛）应急预案等重点环节落实情况，从面上掌握了全国小型水库安全运行情况。开展了全国河湖"清四乱"督查，共派出166组次、482人次，检查了3 939条河流、1 093座湖泊的7 311个河段（湖段），对河湖水资源保护、水域岸线管理、水污染防治、水环境治理情况全面摸底，总体掌握了各地"清四乱"工作的进展，有力推动了河长制、湖长制从"有名"向"有实"转变。开展水闸工程安全运行专项督查，共派出111组次、372人次，检查水闸1 092座，摸清了各地在水闸维修养护、调度运用、巡查检查和安全管理方面的薄弱环节。开展农村居民饮水安全工程专项督查，累计检查154个县，3 621个村，走访群众10 454户，人饮工程2 238个，水源地889处，初步了解全国农村饮水安全底数，为部署全面解决6 000万农村人口饮水问题和启动编制农村供水规划提供支撑。

二是通过监督检查深入查找各类问题并督促责任单位整改，提高水利行业管理水平。各级水利部门认真落实监督工作，仔细查摆问题，开列问题清单，较准确反映了实际存在的问题，并督促责任单位进行整改，推动行业水治理水平不断提高。七大流域管理机构对水毁项目修复情况进行了检查，检查项目243个，发现问题501项。对水毁项目修复进度较慢、资金落实不到位、存在质量缺陷等突出问题提出了整改要求，确保相关水毁工程安全度汛。水利部督查办与流域管理机构共同开展了山洪灾害防御督查工作，根据当前山洪灾害特点，全面开展山洪灾害风险隐患排查，监督地方强化雨水情监测预报系统和群测群防体系等，落实"最后一公里"预警措施，确保人民生命财产安全。全国各地开展河湖"清四乱"督查，查找出了河湖管理方面众多问题，其中内蒙古全区排查出2 709个"四乱"问题；湖北共排查出"四乱"问题4 137个；广西全区首轮摸底排查发现2 547个"四乱"问题。各地积极开展整治工作，目前绝大多数问题已经整改销号，在此基础上水利部还召开了全国河湖"清四乱"专项行动工作交流会，交流典型经验，全面提升了河湖管理水平。

三是对监督检查中发现的问题进行责任追究，提高监督震慑力和行业公信力。各级水利部门在监督工作开展中，对各项水利工作开展的情况进行高强度的监督检查并对发现的问题进行严肃追责，水利强监管震慑力已逐步显现，行业公信力逐步提升。水利部对河南信阳小型水库开展特定飞检，对发现的问题责成河南省水利厅对责任单位进行约谈，对责任人进行通报批评；通过对新疆阿尔塔什水利枢纽工程进行专项督查，发现工程建设运营问题131项，责成新疆维吾尔自治区水利厅对业主单位进行约谈，并由业主单位对涉及的参建单位和责任人进行责任追究；通过对内蒙古自治区增隆昌水库进行专项检查，发现问题36项，约谈内蒙古自治区水利厅、巴彦淖尔市人民政府、乌拉特前旗人民政府、乌拉特前旗增隆昌水库项目法人、监理单位及施工单位；通过对西藏拉洛水利枢纽工程进行专项督查，发现问题85项，责成西藏自治区拉洛水利枢纽及灌区管理局对施工单位进行约谈并对各参建单位相关责任人进行责任追究。水利监督工作通过对相关问题督促整改并进行追责，对地方在水利工作中懒政怠政、履职不到位的行为起到了震慑作用，促使各级地方政府正视水利工作中存在的各项问题并积极整改，使得地方主体责任进一步落实，工作履职意识进一步强化，水利行业的社会形象得到了扭转，行业气象开始产生变化。

  尽管目前我国各级水行政主管部门已完成监督机构设置，初步明确了各机构的监督职能，组建了水利监督队伍，开展了一系列监督检查工作并取得了一定成效，但面对上述水利监督工作面临的新形势，对照新时代水利监督工作的要求，为了确保监督工作能长期高效开展，促进水利行业健康可持续发展，当前仍有必要结合水利监督工作开展的实际情况，深入分析水利监督管理体制的完善需求，为进一步构建新时代水利监督管理体制提供依据。

第五章 当前水利监督管理体制的完善需求分析

2019年全国水利监督工作会议提出，面对新的形势，水利监督工作要坚持目标和问题导向，统筹兼顾，突出重点，进一步健全监管体制机制，创新监管方式方法，不断夯实监管基础，提高监管能力，为推进水利现代化新征程提供坚实的安全保障。要增强水利监督工作的系统性、整体性、协同性，着力构建水利现代化体制机制。本章将对照新时代水利监督工作的要求，基于当前我国水利监督工作面临的新形势，结合水利监督管理体制现状，总结现有水利监督管理体制的完善需求，为构建新时代水利监督管理体制提供有力支撑。

一、对监督机构职能定位的认识有待深化

在新时代水利改革发展的工作总基调指引下，2018年以来水利行业机构改革中各级水利部门大多设置了专职监督机构，强化了水利监督职能，在各项监督工作的推动下，地方各级水行政主管部门的风险意识显著提高，一些多年未发现的水利工程隐患得到了排查。但面对新时期治水矛盾的变化以及水利改革发展工作总基调的要求，各级水行政主管部门虽然已认识到强化水利监督的重要性，却还没有深刻认识到"强监管"是当前治水主要矛盾，是总基调里的主旋律，水利各个主要业务部门没有完全扭转长期形成的工程思维和惯性，工作重心尚未完全调整到行业监管上来，已开展的监督工作的重点也仍倾向于工程领域，对于江河湖泊、水资源、水土保持、水利资金以及水利行政事务工作的监督力度依旧不够。部分地方水利干部对水利部采用"一查到底"的方式监督检查地方水利工作仍存有困惑，认为监管工作应当符合层级管理的要求，分级进行。为了确保水利监督机构能够有效发挥新时代水利监督的作用，各级水行政主管部门对于水利监督机构职能定位的认识还应进一步深化，各个业务部门也需要正确认识本部门在专业领域监督的重要作用。

一方面，地方水行政主管部门应进一步强化对"强监管"总基调的理解，认识到"强监管"是当前水利改革发展总基调中的主调，未来水利行业将调整发展定位，水行政主管部门由过去以水利工程建设为主的部门转变为以水利行业监管为主的部门，努力推动地方水利工作重心逐步调整至行业监管上来，正确理解水利部监督检查相关政策，明确地方水利监督机构的职能定位，理解新成立的监督处室与原安监处之间职能定位上的差异，强化监督处室的

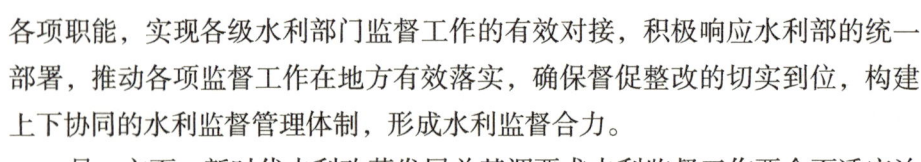

各项职能，实现各级水利部门监督工作的有效对接，积极响应水利部的统一部署，推动各项监督工作在地方有效落实，确保督促整改的切实到位，构建上下协同的水利监督管理体制，形成水利监督合力。

另一方面，新时代水利改革发展总基调要求水利监督工作要全面适应治水矛盾的变化，开展全覆盖高频次的监督检查，对各重点业务领域的监督工作提出了明确要求；同时，当前各种水问题日趋复杂，水利监督工作涉及多部门、多领域，需要开展大量的跨领域监督工作，对于水利专业素质要求较高。因此，各个水利业务部门应当充分认识到自身在业务领域开展专业监督的重要性，对照构建水利大监督格局的要求，将监督工作的重心从过去的水利工程监督、安全生产监督扩展为江河湖泊、水资源、水利工程、水土保持、水利资金以及水利行政事务工作的全方位监督，实现监督工作由点及面的转变，充分发挥专业技能，积极参与各项监督检查工作，与专职监督机构协调配合，确保对各水利业务领域实现有效监督，以监促管，推动行业管理水平不断提高。

二、各级水利监督机构的职责有待细化完善

新的水利部"三定"方案及《水利监督规定（试行）》对各级水行政主管部门监督机构的职责进行了规定，确保了水利监督工作的有效开展，但为了满足新时代水利行业改革发展对水利监督工作提出的全面要求，推动水利行业持续高效地实施全链条、全方位监督工作，在实践工作中有必要对相关监督机构职责予以进一步细化完善。

在水利部层级，为了实现水利监督工作的统一指挥，统一要求，统一计划，统一平台，统一管理，有必要强化完善各相关部门的具体职责。水利部水利督查工作领导小组应强化推进水利监督顶层设计，强化保障机制的职责，为水利监督工作提供制度支撑，为强化队伍建设提供保障机制；监督司与督查办应当进一步对各自的综合监督职能进行整合，强化水利监督的协调性；监督司与其他司局应当细化配合开展各项监督检查工作的职责，通过协调配合，强化监督合力。

在流域管理机构层级，为了确保水利部交办的监督检查任务有效落实，流域内各省份监督工作协调有序以及整改工作切实落实，有必要进一步强化

流域水利督查工作领导小组及其办公室统一领导部署流域内监督检查工作并向水利部及时反映问题情况的职责；为确保对流域内江河湖泊、水资源、水利工程、水土保持、水利资金以及水利行政事务等重点领域的有效监督，也应对监督处（局）与各业务处（局）配合开展流域监督检查的职责予以进一步细化。

在地方水利部门层级，为了进一步确保地方水利监督工作的顺利开展，积极响应水利部各项监督检查工作的要求，督促问题整改落实到位，有必要完善地方水利监督职能，与水利部实现有效对接，确保地方对水利部部署的各项监督检查工作均能切实承担并有效落实；为发挥综合监督与专业监督合力，有必要细化相关业务处室与监督处（或其他专职监督机构）合作开展辖区内各项监督检查工作的职责，并重点强化地方水利监督机构通过对发现的问题落实整改，推动业务管理水平不断提高的相应职责。

三、监督机构协调配合关系需要进一步理顺

2018年水利部机构改革以来，各项水利监督工作推进情况良好，各级水行政主管部门按照水利部统一部署，抽调骨干力量，克服监督强度大、保障机制不健全等困难，逐步建立监督机构、监督队伍，全力承担各项监督检查工作。但由于水利行业全面强监管仍在起步阶段，各项监督工作正在初步探索完善过程中，水利监督机构之间的协调性仍需进一步增强。

首先，新的水利部"三定"方案明确了监督司及其他司局的监督职责，在此基础上水利部成立了水利部水利督查工作领导小组并下设办公室，同时对其监督职责进行了规定。目前水利部督查办、监督司以及其他司局均承担了一定的水利监督职责，并取得了一定的监督成效。但各个单位在监督工作中如何确定牵头单位、如何相互配合、如何衔接工作、如何组织协调跨领域监督检查等方面尚无明确要求。督查办虽然设在监督司，但各自的职能定位有一定区别，如何对监督司和督查办的综合监督职能实现有效整合，仍有待进一步完善。其次，当前水利部及流域管理机构多采用"四不两直"以及"自上而下、一插到底"的方式，对各项水利工作进行全面监督检查；地方水行政主管部门则按照自身管理权限，对辖区内的水利工作开展监督检查。由于各项监督检查配合衔接不到位，在实践中出现了一些水利项目被反复检查、

多次检查的情况，加重了基层应对监督检查的工作负担，水利监督检查的协调性还需增强。

为了提高水利监督检查效率，提升水利监督效果，应进一步完善水利监督管理体制，协调水利监督机构共同开展监督检查工作。一方面，积极探索多个部门配合开展水利监督检查的模式，按照综合监督与专业监督相结合的要求，加大业务部门对于水利监督工作的参与程度，明确各部门在监督工作中的领导、组织、协调、落实、反馈等方面的职责，在工作中相互配合、互为支撑，有效落实监督检查、问题认定、责任追究及督促整改等各个方面的工作，共同开展水利监督工作。另一方面，各级水行政主管部门应当根据监督检查工作实际情况，进行有效对接沟通，明确各自的工作侧重点，水利部及流域管理机构应当侧重于开展重大事项、专项任务的监督检查，查找分析问题，提出整改意见；地方水利部门职能定位应侧重于开展辖区内的日常监督检查，并推动落实水利部领导小组的督促整改意见，以监促管，提高管理水平。水利部及流域管理机构、地方水行政主管部门应当有效沟通衔接，实现流域监督与地方监督的高效协调联动，避免行政监督资源的浪费，推动水利监督合力的形成。

四、水利监督队伍建设有待加强

水利监督队伍是水利监督工作得以有效开展的关键，各级水行政主管部门以机构改革为契机，积极整合水利行业力量，初步建立了水利监督队伍。各级监督队伍也克服了多方面困难，开展了卓有成效的监督检查工作。但随着水利监督工作的不断深入，监督队伍专业程度不高、人员构成不稳定、保障机制不健全等问题也逐渐凸显，水利监督队伍建设亟需全面加强。

一是监督队伍人员力量有待进一步增强。截至 2019 年 11 月，各级监督队伍人员依然配备不足。一方面，流域机构监督队伍人员有待扩充。七大流域管理机构拟定监督检查队伍编制 615 人，目前到位人数仅占 2/3。而当前水利监督工作任务重、涉及面广、专业性强、素质要求高；且流域机构监督检查工作的形式目前大多为"一任务一派组"，尚未实现"派出一组，统查多项"的监督检查方式，导致流域管理机构监督队伍人员力量不能满足当前水利监督工作的需求。另一方面，省级水利部门监督队伍人员力量也有待强化。近年来由于地方政府不断缩减行政人员编制，以及地方对水利工作尤其是其中水利监督工作的重视程度不足，目前各省级监督处工作人员编制一般仅为5~8人，一些地区甚至已经撤销县级水行政主管专职部门，监督人员数量远远不能满足水利监督需求，地方水行政主管部门的水利监督人员力量亟需加强。

二是监督队伍专业能力有待提升。水利监督工作涉及面广、专业性强、素质要求高，一般的水利工作人员很难满足多个业务领域的水利监督工作需求。同时，为了扩充监督队伍力量，各专职监督机构均从其他单位抽调了较多的人员，但监督工作繁重复杂，监督业务培训不充分，均在一定程度上影响了监督队伍的专业能力。此外，由于机构改革和人员交流轮岗等原因，专职监督机构的管理岗位工作人员变动较大，新上任的监督工作人员对岗位业务理解不够深入，实际工作经验相对不足，使得监督队伍在短期内应对大量监督检查工作的压力较大。

三是监督队伍建设保障有待加强。《水利督查队伍管理办法（试行）》对水利监督队伍开展工作的车辆、装备及经费等方面保障进行了明确规定，为这些保障的落实提供了依据。但目前按照国家缩减三公经费的要求，尚无法为水利监督工作提供充足的人员经费和先进的仪器装备。面对高强度的水利监督任务，各流域管理机构、省级水利部门普遍反映存在现场检查所需仪器设备、车辆等保障不够完善，监督检查人员野外补贴补助保障不足以支撑监督检查日常开销等问题。另外，目前流域管理机构监督工作人员工作经费仅靠流域管理机构或地方水行政主管部门监督检查工作的预算经费统筹解决，不利于未来监督工作的长期开展。因此，为了进一步激发监督人员工作的积极性，增强工作士气，稳定监督队伍，提升监督效率，有必要进一步强化监督队伍建设，完善设备、技术、经费等方面的保障。

五、水利重点领域监督有待进一步细化拓展

2018年水利部机构改革，以及其后的地方水行政主管部门机构改革，均进一步明确了其内部相关部门的监督职能。2019年全国水利工作会议上也对水利监督重点领域进行了梳理，包括江河湖泊、水资源、水利工程、水土保持、水利资金以及行政事务工作六大重点领域。但目前这些水利重点领域具体监督内容、监督主体及职责等仍有待进一步细化拓展，从而影响了有关监督工

作的顺利开展及效率提升。

一方面，部分地方水行政主管部门的重点领域监督内容仍有待细化。例如江苏省水利厅水资源领域监督的具体内容在其水资源管理处职责中仅体现为承担实施最严格水资源管理制度相关工作、监督实施水量分配工作，而没有对该处具体应承担的水资源领域监督内容予以拓展细化，包括在水资源开发、利用、保护、调度等方面的监督工作；有关水土保持领域的监督，仅在其农村水利与水土保持处职责中体现为组织编制水土保持规划并监督实施，负责水土流失监测、预报并公告，而没有对具体监督内容予以系统界定。

另一方面，各级水行政主管部门尚未对重点领域监督主体及职责等予以细化。目前水利部出台了《水利工程建设质量与安全生产监督检查办法（试行）》《水利资金监督检查办法（试行）》等，对水利工程、水利资金等领域监督工作开展进行了细化规定，但江河湖泊、水资源等重点领域监督主体、监督职责等仍缺乏相关规范性制度。地方水行政主管部门则大多未对重点领域监督主体、职责分工、监督方式、监督流程、问题认定、问题整改与责任追究等予以明确，从而影响了重点领域监督工作开展的效率效果。如江苏省水利厅规定，由农村水利与水土保持处监督实施水土保持规划，而该省水土保持领域各项监督内容具体的监督主体、各监督主体具体的监督职责等均未进行细化明确。

第六章 相关行业经验借鉴

近年来，生态环境、自然资源、医药等行业均将强化监督作为提升行业管理水平的重要抓手，在党中央坚强领导下实施了中央环保督察、国家土地督察、药品飞行检查等一系列有力举措，通过对各类问题突出、重大事件频发、主体责任落实不力的环节进行监督检查，对相关责任人进行问责追责，不断提升行业治理水平；在此基础上，2018年国务院机构改革组建了生态环境部、自然资源部、药品监督管理局，进一步调整优化了各行业监督职能，完善了组织机构设置，整合了行业监督队伍，监督工作也取得了新的成效。本章将深入梳理环境保护、自然资源、医药等行业的监督管理体制，分析各行业在职能定位、机构设置、职责划分、队伍建设等方面的典型做法，总结其中可供水利行业参考的经验。

一、生态环境监督管理体制情况

为进一步整合分散的生态环境保护职责，解决环境保护管理职责交叉重复等问题，强化生态环境监管，保障国家生态安全，2018年国务院机构改革提出将原环境保护部、国家发展和改革委员会、国土资源部、水利部、农业部以及国家海洋局的相关职责进行整合，组建新的生态环境部作为国务院组成部门，统一负责生态环境监测和执法工作，监督管理污染防治、核与辐射安全，组织开展中央生态环境保护督察相关工作。2018年8月，《生态环境部职能配置、内设机构和人员编制规定》印发实施，新的生态环境部"三定"方案进一步突出强化了行业监督职能，按照中央生态环境保护督察工作要求成立中央生态环境保护督察办公室（以下简称"生态环境部督察办"），并积极推进省以下环保机构监测监察执法垂直管理制度，建立健全条块结合、各司其职、权责明确、保障有力、权威高效的生态环境保护管理体制。生态环境部监督机构设置如图6-1所示。

（一）中央生态环境保护督察工作领导小组及其办公室

在生态环境部层面，为了进一步规范生态环境保护督察工作，按照《中央生态环境保护督察工作规定》中"中央实行生态环境保护督察制度，成立中央生态环境保护督察工作领导小组，设立专职督察机构，对省、自治区、直辖市党委和政府、国务院有关部门以及有关中央企业等组织开展生态环境保护督察"的要求，设立了中央生态环境保护督察办公室，负责中央生态环

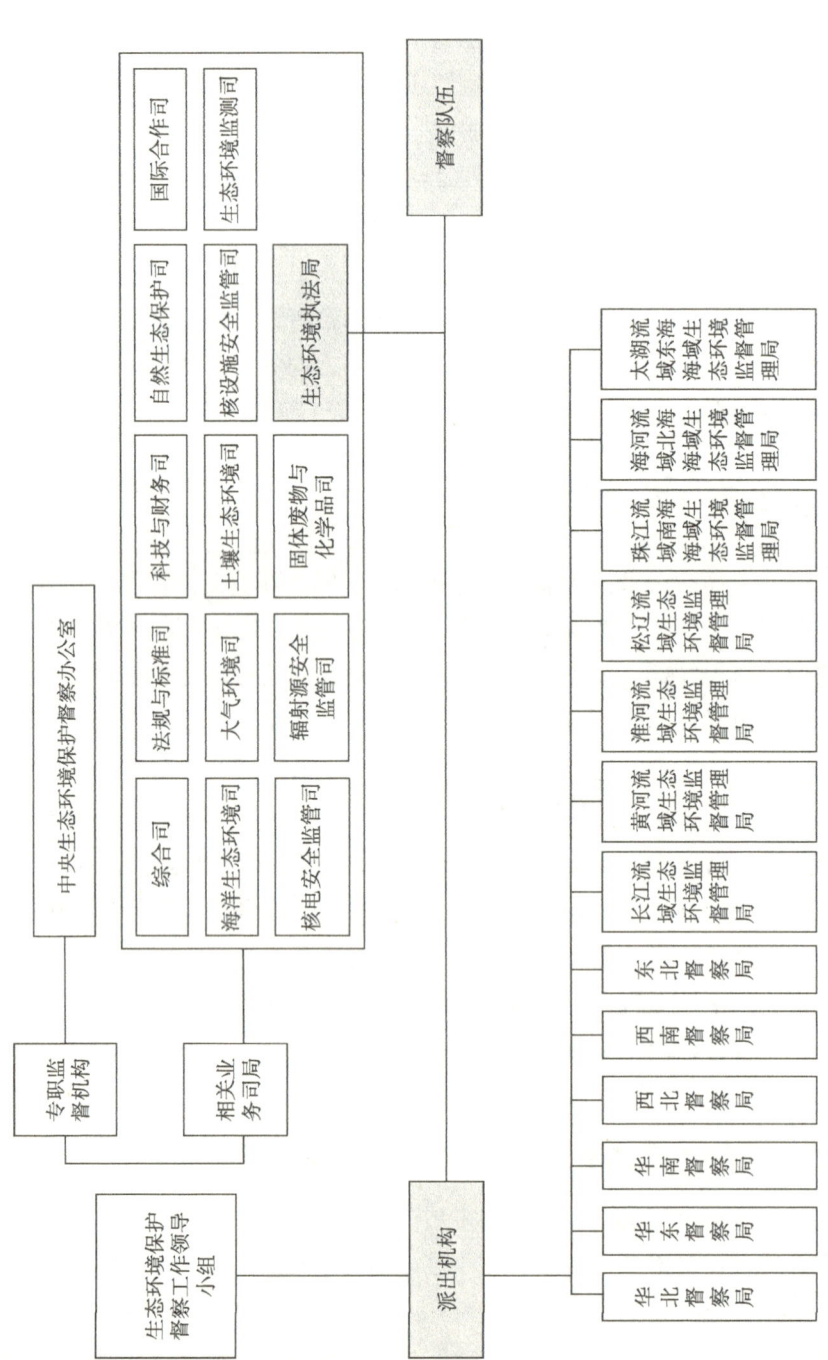

图6-1 生态环境部监督机构设置情况

境保护督察工作领导小组的日常工作，承担中央生态环境保护督察的具体组织实施工作。新的生态环境部"三定"方案进一步明确了生态环境部督察办的具体职责，主要包括：向中央生态环境保护督察工作领导小组报告工作情况，组织落实领导小组确定的工作任务；拟订生态环境保护督察制度、工作计划、实施方案并组织实施；承担中央生态环境保护督察及中央生态环境保护督察组的组织协调工作；根据授权对各地区、各有关部门贯彻落实中央生态环境保护决策部署情况进行督察问责；负责督察结果和问题线索移交移送及其后续相关协调工作；组织实施督察整改情况调度和抽查；归口管理限批、约谈等涉及党委、政府的有关事项等。

（二）生态环境部各司局

生态环境部还进一步明确了各个司局在生态环境监督方面各个重点领域的专业监督职权划分，明确了各项重点工作的监督职责。生态环境部最主要的职能就是生态环境监管，因此其各个部门均以监管作为最重要的职能，实现了行业监管的全覆盖。其中，办公厅负责生态环境部政务综合协调和监督检查；科技与财务司负责生态环境相关的中央财政专项资金项目监督检查工作；综合司、自然生态保护司、水生态环境司、海洋生态环境司、大气环境司、应对气候变化司、土壤生态环境司、固体废物与化学品司、核设施安全监管司、核电安全监管司、辐射源安全监管司等司局根据各自业务领域的重点工作开展相应的专业监督工作。生态环境执法局作为部本级的专职执法队伍，统一负责生态环境执法工作，承担生态环境部直接调查的违法案件审查、处理处罚强制、听证和监督执行工作。

（三）生态环境部派出机构

为了对地方落实党中央、国务院关于生态环境保护的重大方针政策、决策部署及法律法规情况进行有效监督、协调、推动，生态环境部还在全国范围内按照片区设立了多个派出机构，包括华北督察局、华东督察局、华南督察局、西北督察局、西南督察局、东北督察局6个区域性的督察局，以及长江流域生态环境监督管理局、黄河流域生态环境监督管理局、淮河流域生态环境监督管理局、海河流域北海海域生态环境监督管理局、珠江流域南海海域生态环境监督管理局、松辽流域生态环境监督管理局、太湖流域东海海域生态环境监督管理局。

生态环境部各片区督察局专职负责本片区内的生态环境保护监督工作，其主要职责包括：监督地方对国家生态环境法规、政策、规划、标准的执行情况；承担中央生态环境保护督察相关工作；协调指导省级生态环境部门开展市、县生态环境保护综合督察；参与重大活动、重点时期、重特大突发生态环境事件的监督与应急响应，全面强化了地方生态环境监督能力。

各流域生态环境监督管理局作为生态环境部设在七大流域的派出机构，实行生态环境部和水利部双重领导、以生态环境部为主的管理体制。流域生态环境监督管理局主要负责流域生态环境监管和行政执法相关工作，具体包括：组织编制流域生态环境规划、水功能区划；参与编制生态保护补偿方案；提出流域纳污能力和限制排污总量；承担流域生态环境执法、重大水污染纠纷调处、重特大突发水污染事件应急处置等工作。

这些派出机构同时也是生态环境部监督队伍的主要力量，按照《中央生态环境保护督察工作规定》要求，中央生态环境保护督察工作领导小组组长、副组长由党中央、国务院研究确定，由国家相关领导担任，督察队伍以生态环境部各区域督察局人员为主体，并根据任务需要抽调有关专家和其他人员共同组成中央生态环境保护督察组。截至2019年11月，生态环境部6个片区督察局共设有6名专职督察专员，以及240名生态环境相关专业工作人员，均属于行政编制，成立生态环境督察队伍，执行监督检查任务。

（四）地方生态环境监督机构

在地方开展生态环境监督方面，根据《中央生态环境保护督察工作规定》要求，生态环境保护督察实行中央和省（自治区、直辖市）两级督察体制。各省（自治区、直辖市）生态环境保护督察，作为中央生态环境保护督察的延伸和补充，与中央生态环境保护督察共同形成监督合力。同时，各省（自治区、直辖市）根据生态环境监督管理的需要，对照生态环境部相关司局的机构设置情况，均设置了相对应的处室，负责本辖区内的各项行业监督工作。在此基础上，按照生态环境部的统一部署，各省级生态环境部门全面开展了省级以下生态环境机构监测监察执法垂直管理制度改革，省级生态环境部门对全省（自治区、直辖市）生态环境保护工作实施统一监督管理，上收市县两级生态环境部门的环境监察职权，重新整合省级环境监管和行政执法力量，加强监察执法队伍建设，强化对市县生态环境监督。

在当前生态环境监督管理体制下，生态环境监督工作取得了良好的成效。2018年，第一轮中央生态环境保护督察及"回头看"共受理群众举报21.2万余件，合并重复举报后向地方转办约17.9万件，直接推动解决群众身边生态环境问题15万余件。2018年，生态环境部向地方政府交办涉气环境问题2.3万个，全国338个地级及以上城市空气质量优良天数比例达到79.3%，$PM_{2.5}$同比下降9.3%；1 586个水源地6 251个问题的整改完成率达99.9%，关闭取缔1 883个排污口和2 070家规模化畜禽养殖场，5.5亿居民的饮用水安全保障水平得到提升；"清废行动2018"挂牌督办的1 308个突出问题中1 304个完成整改，比例达99.7%。

二、自然资源监督管理体制情况

为了整合原国土资源部、国家发展和改革委员会、水利部、农业部、国家林业局等八大部委对水、草原、森林、湿地及海洋等自然资源的确权登记管理等方面的职责，强化自然资源监管，促进自然资源保护及合理开发利用，2018年国务院机构改革方案提出组建自然资源部，统一履行全民所有土地、矿产、森林、草原、湿地、水、海洋等自然资源资产所有者职责和所有国土空间用途管制职责，行使所有国土空间用途管制和生态保护修复职责。

2018年8月，中共中央办公厅、国务院办公厅印发《自然资源部职能配置、内设机构和人员编制规定》，进一步强化了自然资源部对自然资源勘测、利用、确权登记的监督职能，随后自然资源部下属派出机构、各省级自然资源厅也陆续出台了新的"三定"方案，细化各自的行业监督职责，基本确定了我国当前的自然资源监督管理体制框架。自然资源部监督机构设置如图6-2所示。

（一）国家自然资源总督察办公室

自然资源部与生态环境部类似，《自然资源部职能配置、内设机构和人员编制规定》将原有的国家土地督察制度升级强化成为国家自然资源督察制度，提出由自然资源部部长担任国家自然资源总督察，并设立了国家自然资源总督察办公室（以下简称"自然资源部督察办"），负责国家自然资源督察相关工作，其主要职责包括：完善国家自然资源督察制度，拟订自然资源督察相关政策和工作规则；指导和监督检查派驻督察局工作，协调重大及跨区域的督察工作；根据授权，承担对自然资源和国土空间规划等法律法规执

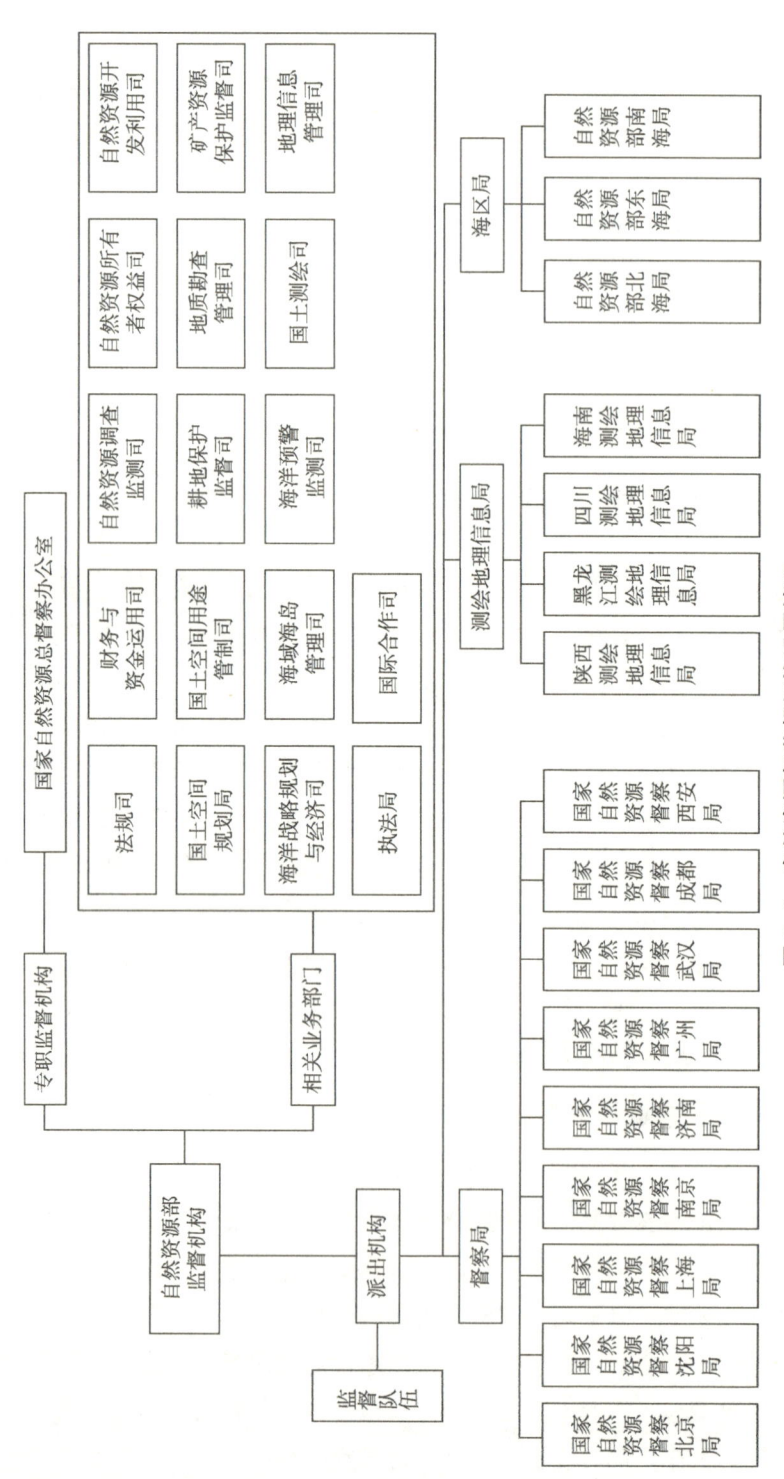

图 6-2 自然资源部监督机构设置情况

行情况的监督检查工作。

（二）自然资源部各司局

为了加强对全国自然资源、耕地资源、矿产资源以及海洋资源开发利用的监督，《自然资源部职能配置、内设机构和人员编制规定》明确规定了自然资源调查监测司、耕地保护监督司、矿产资源保护监督司以及海洋预警监测司，按照各个领域的业务特点和工作重点，统筹负责相关领域的监督工作，其中自然资源调查监测司侧重于水、森林、草原、湿地资源和地理国情等专项调查监测评价工作；耕地保护监督司负责永久基本农田划定、占用和补划的监督管理；矿产资源保护监督司通过建立矿产资源安全监测预警体系，强化矿产资源监督；海洋预警监测司通过风险防控监督的方式开展海洋生态预警监测、灾害预防、风险评估和隐患排查治理。同时，自然资源部也对其他相关司局的相关监督职责进行了细化，由自然资源确权登记局、自然资源所有者权益司、自然资源开发利用司、国土空间规划局、国土空间用途管制司、地质勘查管理司、海洋战略规划与经济司、海域海岛管理司、国土测绘司、地理信息管理司分别履行自然资源市场监督、国土空间用途管制监督、地质灾害监督、海域海岸海岛监督等职责，对发现的问题进行督促整改，确保业务领域的监督全覆盖，同时避免部门间监督职责交叉。执法局作为自然资源部本级的执法机构，负责查处重大国土空间规划和自然资源违法案件，指导协调全国违法案件调查处理工作，协调解决跨区域违法案件查处。

（三）自然资源部派出机构

为了开展国家自然资源督察工作，对地方落实党中央、国务院关于自然资源和国土空间规划的重大方针政策、决策部署及法律法规的情况进行督察，自然资源部在全国范围内按片区设有多个派出机构，设立了国家自然资源督察北京局、国家自然资源督察沈阳局、国家自然资源督察上海局、国家自然资源督察南京局、国家自然资源督察济南局、国家自然资源督察广州局、国家自然资源督察武汉局、国家自然资源督察成都局、国家自然资源督察西安局9个片区督察局；同时，为了实施我国临海海洋自然资源监督和管理工作，自然资源部还成立了自然资源部北海局、自然资源部东海局、自然资源部南海局3个海区局。

其中，自然资源部各片区督察局的主要职能是代表国家自然资源总督察办公室履行自然资源督察职责，其具体职责包括：督察地方政府落实党中央、国务院关于自然资源重大方针政策、决策部署及法律法规执行等情况；督察地方政府落实最严格的耕地保护制度和最严格的节约用地制度等土地开发利用与管理情况；督察地方政府落实自然资源开发利用中的生态保护修复、矿产资源保护及开发利用监管等职责情况；督察地方政府实施国土空间规划情况，重点是落实生态保护红线、永久基本农田、城镇开发边界等重要控制线情况；对涉及自然资源开发利用、生态保护重大问题开展督察；按照有关规定对地方政府负责人开展约谈，移交移送问题线索；督察地方政府组织实施整改情况，按照有关规定提出责令限期整改建议；承办国家自然资源总督察交办的其他任务。

自然资源部各海区局承担对应海区的海洋自然资源监督和管理工作。其主要监督职责包括：按照自然资源部的统一部署，对海区内地方人民政府执行党中央、国务院关于海洋自然资源和国土空间规划重大方针政策、决策部署及法律法规的情况进行督察；监督专属经济区和大陆架的自然资源开发利用以及人工岛屿、设施和结构的建造使用等活动；监督管理海区海域、海岸线和海岛修复等重大生态修复工程；监督检查地方海洋生态保护红线制度实施、生态保护与整治修复工作等。

在监督队伍建设方面，与生态环境部类似，自然资源部各片区督察局和各海区局是自然资源部监督队伍的主要组成部分，按照自然资源部的统一部署，开展各项交办的监督检查工作。自然资源部部长作为国家自然资源总督察，9个片区督察局共有行政编制工作人员336名，同时对应的37个被督察省份和地区各配备督察专员1名；此外，北海、东海、南海3个海区局共有行政编制工作人员196名，共同组成了自然资源部的监督检查队伍。

（四）地方自然资源监督机构

在地方自然资源监督方面，各地也积极响应自然资源部机构改革，全面贯彻落实党的十九大精神，通过强化监督推动高质量发展，在机构改革中优化监督机构设置及职责划分，加强行业监督队伍建设，强化其监督职能。各省级自然资源厅根据当地实际情况，对照自然资源部机构设置情况，设立了自然资源调查监测处、耕地保护监督处、矿产资源保护监督处等专职监督处室，负责辖区内的自然资源监督工作。其中自然资源调查监测处负责辖区内水、森林、草原、湿地资源的专项调查监督；耕地保护监督处负责永久基本农田划定、占用和补划的监督管理；矿产资源保护监督处负责监督指导矿产资源合理利用和保护；执法监管局则负责监督指导本行业综合行政执法工作。

在当前的自然资源监督管理体制下，以国家自然资源督察为主要手段的自然资源监督工作进展顺利，2018年，自然资源部开展了首轮国家自然资源督察，通报了16起重大案件，包括土地案件6起、海洋案件2起、矿产案件4起、林业案件4起。其中，河北省邢台市南和县金阳建设投资有限公司非法占地建设农业嘉年华项目案、山西省忻州市保德县旭阳洗煤有限责任公司非法占地建设洗煤厂案、云南省昭通市昭阳区旧圃镇沙坝村委员会非法占地建设挖机租赁市场案，已被依法移送公安机关追究刑事责任。2019年，自然资源部对原国土资源部挂牌督办的89起土地、矿产违法案件处理落实情况进行了督察"回头看"，通过再核实、再确认、再督办，发现河北、山西、河南、湖北、新疆5个省级自然资源主管部门和石家庄、晋中、郑州、京山市4个地方政府，存在落实挂牌督办处理意见不力等问题，对相关责任人进行了责任追究。

三、医药监督管理体制情况

2018年国务院机构改革对原国家食品药品监督管理总局进行了机构调整，将其所负责的食品监督管理职能并入新组建的国家市场监督管理总局，对食品及其他商品市场进行统一监督管理；同时，考虑到药品监管的特殊性，单独组建国家药品监督管理局，作为受国家市场监督管理总局管理的副部级国家局，履行药品监督管理职能。

2018年9月，《国家药品监督管理局职能配置、内设机构和人员编制规定》印发，明确药品市场监管实行分级管理，药品监管机构只设到省一级，药品经营销售等行为的监管，由市县市场监管部门统一承担。国家药品监督管理局负责制定药品、医疗器械和化妆品监管制度，并负责全国药品、医疗器械和化妆品研制环节的许可、检查和处罚；省级药品监督管理部门负责辖区内药品、医疗器械和化妆品生产环节的许可、检查和处罚，以及药品批发许可、零售连锁总部许可、互联网销售第三方平台备案及检查和处罚。

（一）国家药品监督管理局

在国家局层面，国家药品监督管理局为了加强药品监督，确保药品安全，进一步明确了各个司局的监督职责。其中综合和规划财务司负责对医药行业相关的重要政务事项开展督查督办；药品注册管理司（中药民族药监督管理司）负责对中药民族药、天然药物进行监督管理；药品监督管理司负责对化学药品、生物药品、放射性药品、麻醉药品等进行监督管理；医疗器械监督管理司负责对医疗器械、体外诊断试剂、临床检验器械进行监督管理；化妆品监督管理司负责对各类化妆品进行监督管理。

在组建监督专业队伍方面，国家药品监督管理局开展了大量卓有成效的工作。其一，国家市场监督管理总局设立了执法稽查局作为专职监督执法队伍，其监督执法范围包括药品行业各个领域，组织开展严格的药品飞行检查，全面负责监督市场主体准入、生产、经营、交易中的有关违法行为和案件查办，实施药品生产销售全链条监督，承担组织查办、督查督办有全国性影响或跨省（自治区、直辖市）的大案要案工作，指导地方市场监管综合执法工作。由于药品事关人民生命财产安全，因此执法稽查局行政执法力度极大，并形成了良好的行政执法与刑事司法衔接机制。其二，2019年国务院办公厅印发了《关于建立职业化专业化药品检查员队伍的意见》（以下简称《意见》），明确指出要构建职业化专业化药品（含医疗器械、化妆品）检查员队伍，作为加强药品监管、保障药品安全的重要支撑力量。《意见》明确要求药品检查员必须经药品监管部门认定，依法履行对药品研制、生产等场所、活动进行合规确认和风险研判的职责；并要求组建药品检查员队伍要坚持职业化方向和专业性、技术性要求，提出到2020年底，国务院药品监管部门和省级药品监管部门基本完成职业化专业化药品检查员队伍制度体系建设，构建起政治过硬、素质优良、业务精湛、廉洁高效的检查员队伍。目前各级药品监督管理局在统筹考虑现有各级药品监管人员、编制基础上，积极加强检查员队伍人员配备，保障药品监督检查工作需要。其三，国家药品监督管理局将下属食品药品审核查验中心也作为药品监督队伍的重要组成部分，该中心作为支撑单位负责承担药物临床试验、非临床研究机构资格认定（认证）和研制现场检查，承担药品注册现场检查，承担药品生产环节的有因检查，承担药品境外检查；承担医疗器械临床试验监督抽查和生产环节的有因检查，承担医疗器械境外检查；承担化妆品研制、生产环节的有因检查，承担化妆品境外检查，为药品监督提供了有力的技术支撑。

国家药品监督管理局监督机构设置如图 6-3 所示。

（二）地方药品监督管理机构

在地方局层面上，与国家药品监督管理局对应，各省级药品监督管理局的机构设置基本相同，分别设有药品化妆品生产监管处、医疗器械监管处、药品化妆品流通监管处，负责属地的药品、医疗器械及化妆品监督管理。其中药品化妆品生产监管处主要承担药品、化妆品生产环节的监督管理职责，医疗器械监管处主要承担医疗器械生产、经营、使用全过程的监督管理职责，药品化妆品流通监管处则主要负责药品、化妆品流通领域安全监管工作。

同时，部分省级药品监督管理局还在省级以下行政区划中设置监管派出机构，负责片区的药品、医疗器械和化妆品生产环节的许可、检查和处罚，以及药品批发许可、零售连锁总部许可、互联网销售第三方平台备案及检查和处罚，突显出其对综合市场监管体制下、省级以下地方政府药品监管职责的督导功能。派出机构在编制配备和人员选配上最大限度地吸收了之前省级及以下原食品药品监督管理部门中从事药品监管工作的工作人员，保障了派出机构在药品监管上的专业水平。

在地方药品监督队伍建设方面，各市场监管省局执法稽查局，是省级药品专职监督执法队伍，组织查处和督办大案要案，协调跨区域案件查处工作。省级药品监督管理局设有省级技术审评核查中心，负责药品、化妆品、医疗器械等产品有关注册、许可事项及其变更、生产、经营等环节质量管理规范认证等的现场核查工作，也是省级药品监督队伍的重要组成部分。同时，按照国务院办公厅印发的《关于建立职业化专业化药品检查员队伍的意见》要求，各省（自治区、直辖市）积极整合上收的市县两级药品监管部门专业人员，构建省级职业化专业化药品检查员队伍。目前各地均已启动省级药品职业检查员队伍建设工作，举办职业化检查员培训班，组织严格的资格认定和考试，部分省（自治区、直辖市）首批药品检查员已经宣誓上任。

在机构改革后新构建的药品监督管理体制下，药品监督工作稳步推进。

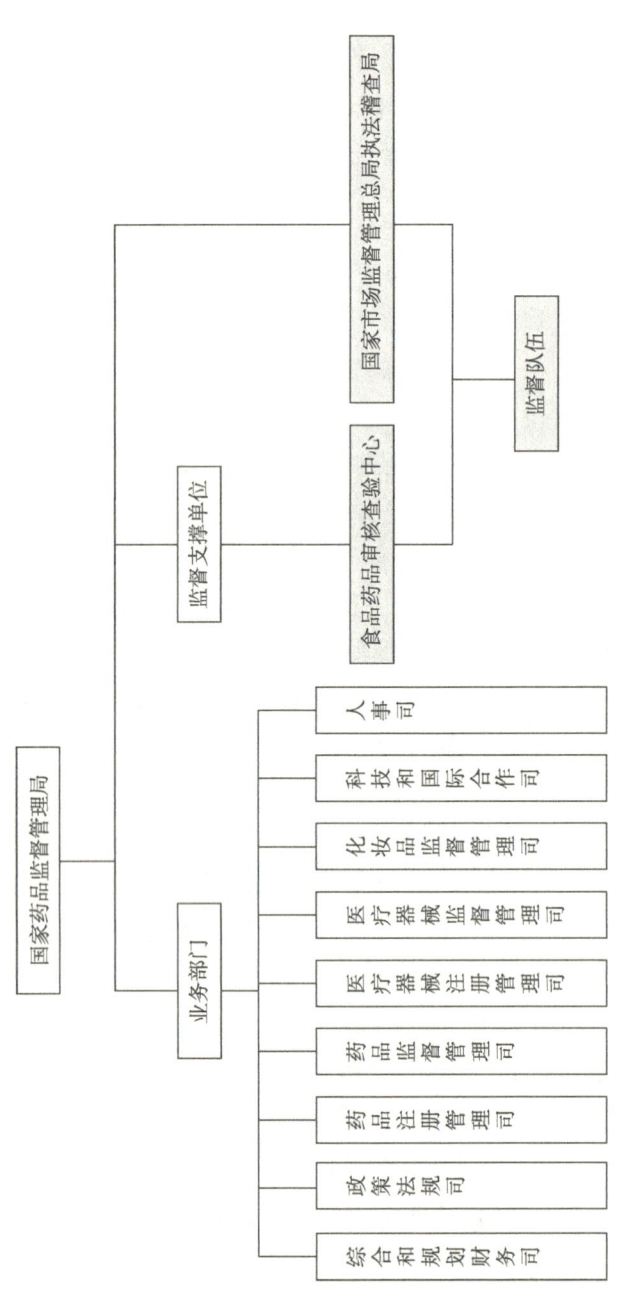

图 6-3 国家药品监督管理局监督机构设置情况

2018年国家药品监督管理局组织开展药品生产企业跟踪和飞行检查，针对检查发现不符合药品生产质量管理规范的企业，对外发布跟踪检查通报22份，发布飞行检查通报4份、通告8份，对部分企业涉嫌违法违规行为进行信息公开；对51家化妆品生产经营企业开展飞行检查，并对其中12家严重违反生产许可工作规范的生产企业进行通告，责令暂停生产，提高监管效能和公正性；对94家国内医疗器械生产企业开展飞行检查，对其中存在严重缺陷的21家企业责令停产整改。

四、相关经验借鉴

通过对生态环境、自然资源、医药等行业的监督管理体制构建情况进行分析，能够发现各个行业在监督管理体制构建方面各有侧重，水利行业在完善新时代水利监督管理体制过程中均能从中获得值得借鉴的经验。

（一）实现地方与部委监督职能的有效对接

地方行业主管部门的各项监督职能和监督机构的设置与行业主管部委实现有效的对应衔接，能够保障各项行业监督政策、制度在地方得到有效贯彻，确保部委交办的各项监督工作和任务及时开展，避免工作推诿，有利于形成统一领导、上下联动的行业大监督格局，是地方能够有效落实行政监督工作的重要基础。

生态环境部设立了中央生态环境保护督察办公室，负责拟定督察制度、承担中央生态环境保护督察及中央生态环境保护督察组的组织协调工作等。与之相对应，各省级生态环境厅也设有生态环境保护督察办公室，具体负责生态环境保护督察制度、工作计划、实施方案的实施，承担本辖区内的生态环境保护督察组织协调工作，并为中央生态环境保护督察提供有力支撑，这是确保中央生态环境保护督察能够在全国范围内有效开展的重要体制保障。我国各省级自然资源厅机构设置也与自然资源部的机构设置相对应，均下设自然资源所有者权益处、地质勘查管理处、耕地保护监督处、矿产资源保护监督处等业务处室，履行自然资源督察的各项职责，确保辖区内自然资源监督工作有效开展。

比较相关行业地方有关部门与部委机构设置衔接情况，水利行业目前一些省级水行政主管部门存在尚未设立监督处或者监督处室职责无法与水利部监督司对接的情况，市县两级普遍缺少专职从事水利监督的工作人员，水资源、河湖管理、水利工程等专业监管人员也普遍不足。受各地水行政主管部门人员编制不足、机构职责复杂、工作开展缺少抓手、地方政府重视程度不足等方面制约，水利行业确实很难实现地方水行政主管部门与水利部在机构设置上的完全对应。但为了确保水利监督工作的扎实推进，水利部应指导地方水行政主管部门合理划分内部监督职责，确保水利部明确提出需要大力强化的各项监督职责，在地方水行政主管部门均有相应的专职人员能够承担履行，实现监督职责上的有效衔接，确保地方各级水行政主管部门能够积极承担水利监督的各项任务，避免出现监督工作推诿的情况。

（二）充分发挥派出机构的行业监督职能

为了对地方有效落实生态环境保护及自然资源利用与保护的重大方针政策、决策部署及法律法规执行情况进行有效监督，生态环境部与自然资源部均按片区设置了派出机构并明确其监督职责，确保部委监督实现区域全覆盖、业务全覆盖。其中生态环境部设置覆盖全国的6个片区督察局和7个流域生态环境监督管理局，各片区督察局又按省（自治区、直辖市）分别设立了督察一处、督察二处等，由其承担对应省（自治区、直辖市）的生态环境保护督察工作。自然资源部派出机构除了9个片区督察局外，还设立了3个海区局。这些派出机构，均是行业监督的重要力量，是贯彻落实国家各项监督检查任务的主要执行者。

有效发挥派出机构在各个片区的监督职能，是各个行业监督工作得以安排落实的必要条件。一方面，各个部委人员编制有限，其中能够开展监督工作的人员队伍不能满足整个行业监督的需求；另一方面，我国疆域辽阔，地区间自然环境条件、社会经济发展水平差异较大，各个部委不能完全了解掌握地方情况。因此，应当切实发挥好派出机构作为部委下属单位既能够有效贯彻部委监督要求，又全面了解片区情况的优势，由派出机构按照部委统一部署，积极执行所管辖片区的监督检查任务。

因此，水利行业应进一步发挥流域管理机构的监督职能，按照水利部的统一部署，组建流域监督队伍，开展流域各项监督检查工作；协调流域内各个省（自治区、直辖市）重点监督检查工作，按照流域特点，指导推动整改工作，并将监督检查情况积极向水利部反映。需要指出的是，作为水利部的派出机构，七大流域管理机构的职责与生态环境部、自然资源部派出机构有所不同（表6-1）。生态环境部、自然资源部派出机构的主要职责是对相关省（自治区、直辖市）进行行业督察工作，而流域管理机构主要是履行流域水行政管理职责，包括负责保障流域水资源合理开发利用、水资源管理和监督、水资源保护工作、防治流域内的水旱灾害、指导流域内江河湖泊的治理和开发等。因此，流域管理机构在开展水利监督工作的过程中，应当充分体现其主要职责，将流域水行政管理工作与水利监督工作相结合，在履行业务管理职责的同时，有针对性地完成水利部交办的监督工作，并基于水利监督结果，协调流域内各地水行政主管部门积极整改，提升水利行业管理水平，实现业务管理与水利监督互促共进。

表6-1 各行业派出机构及其主要职能情况比较

	生态环境	自然资源	水利
派出机构设置情况	6个片区督察局和7个流域生态环境监督管理局	9个片区督察局和3个海区局	七大流域管理机构
派出机构主要职能	专职负责对应省（自台区、直辖市）的生态环境保护督察工作	专职负责对应省（自台区、直辖市）的自然资源督察工作	履行流域内的水行政管理职责

（三）加强监督队伍的职业化技术化建设

生态环境部、自然资源部、药品监督管理局在机构改革后均积极组建职业化、技术化的监督队伍，从管理体制上加强监督队伍建设，完善监督队伍保障措施和技术支撑，极大地提高了监督检查效率，为监督工作得以有效落实提供了有力支撑。生态环境部以片区督察局的240名生态环境相关专业工作人员为主体，并抽调相关行业专家构建中央生态环境保护督察组，配以专业车辆、设备；在地方开展了省级以下生态环境机构监测监察执法垂直管理制度改革，重新整合省级环境监管和行政执法力量，确保中央生态环境保护督察有效开展。自然资源部督察组以9个片区督察局336名督察工作人员以及3个海区局196名督察工作人员作为督察队伍的主要力量，为国家自然资源督察提供有力支撑。国家药品监督管理局的监督队伍包括部委和各省（自治区、直辖市）两级市场监督管理局执法稽查局、国家药品监督管理局食品药品审核查验中心，同时国务院办公厅印发实施了《关于建立职业化专业化药品检查员队伍的意见》，依托政策要求，组建职业化专业化药品检查员队伍，并对职业化专业化药品检查员队伍组建予以了明确翔实的规定，要求药品检查员必须具备相应专业资质，并增设编制，为组建职业化专业化药品检查员队伍提供有力保障。

生态环境、自然资源、医药行业监督队伍的职业化、技术化，有利于各行业监督工作的有效开展。水利行业也应积极借鉴上述经验，在水利部组建专职的监督队伍，并尽量保证监督队伍成员的专业业务领域与监督检查要求相对应，实现监督队伍的技能专业化；同时，应在统筹考虑各级人员、编制基础上，通过内部人员划转、内部人员培养、面向社会公开招聘、岗前培训和日常培训、优化部门编制结构等，多渠道扩充水利监督队伍，并优化监督人员配置，健全监督队伍在人员、经费、设备、技术方面的保障，建立科学的激励约束机制，夯实水利监督力量。

（四）有效发挥国家层面的制度平台作用

生态环境保护督察制度作为国家层面的督察制度，通过《中央生态环境保护督察工作规定》，明确了成立中央生态环境保护督察工作领导小组、中央生态环境保护督察办公室，组建中央生态环境保护督察组的要求；对各机构职能定位及职责内容、督察对象和内容、督察程序、督察纪律和责任等均进行了明确规定；授予了各级生态环境部门开展生态环境督察的权限，并将督察结果作为对被督察对象领导班子和领导干部综合考核评价、奖惩任免的重要依据，通过制度形成了一套较为完善的行业监管体系。与生态环境监督管理体制类似，自然资源部通过《自然资源部职能配置、内设机构和人员编制规定》，将原有的国家土地督察制度升级强化成为国家自然资源督察制度，规定设立国家自然资源总督察办公室负责国家自然资源督察相关工作，并明确了国家自然资源部各个司局、派出机构的监督职责，也从制度层面上理顺了国家自然资源监督工作的管理体制。

生态环境部实施的中央环保督察制度和自然资源部实施的国家自然资源督察制度，两者均属于国家层面的督察制度，并依托中央文件和部委的"三定"

方案构建了行业监督的管理体制，形成了较为完备的监管体系，相关督察工作均是地方年度工作考核的重要事项，地方政府较为重视。目前水利强监管工作刚刚起步，在国家层面缺少有力的强监管制度支撑，监督工作尚未形成完整的体系，缺少制度保障；尚未能够纳入地方政府工作考核事项，地方政府对于水利监督工作的重视程度不够，政府其他部门也感受不到水利监督工作传导的压力，水利监督工作的行业权威性和社会影响力还不够大。

对比生态环境行业的中央环保督察制度和自然资源行业的国家自然资源督察制度，目前水利监督工作缺少有效的制度保障。结合水利行业实际情况，当前在国家层面推动形成水利行业强监管的相关制度难度较大，建议进一步依托河长制、湖长制，以及最严格水资源管理制度考核这些党中央国务院授权的机制平台的作用，进一步优化机构设置，强化各级水行政主管部门的监督职权，完善水利监督体系构建，提高水利监督工作的权威性。

第七章 新时代水利监督的管理体制框架构建

面对水利监督工作的新形势、新特点、新任务，本章将在全面梳理当前水利监督管理体制现状的基础上，结合其他行业监督管理体制中可供借鉴的经验，按照新时代水利改革发展工作总基调的具体要求，提出构建新时代水利监督管理体制的指导思想与基本原则，构建新时代水利监督管理体制框架。

一、新时代水利监督管理体制构建的指导思想与基本原则

（一）指导思想

深入贯彻习近平新时代中国特色社会主义思想和党的十九大、十九届四中全会精神，积极践行"节水优先、空间均衡、系统治理、两手发力"的治水思路，进一步优化各级水行政主管部门的监督职能，明确水利监督机构权责，明晰各级水利监督机构权责界限，强化监督队伍的支撑能力，处理好综合监督与专业监督、部委监督与地方监督的关系，增强水利监督工作的系统性、整体性、协同性、有效性，着力构建完善统分结合、权责明确、协同配合、运行顺畅的新时代水利监督管理体制，为开展党统一领导、全面覆盖、权威高效的水利监督工作，防范水利行业可预见和不可预见的风险，推动以水资源、水生态、水环境保护为刚性约束的社会经济发展，促进人与自然和谐发展提供坚实保障。

（二）基本原则

基于上述指导思想，结合我国水利监督管理体制的现状及完善需求，这里进一步明确新时代水利监督管理体制应当遵循的基本原则，为该体制构建提供相应的依据。

一是坚持统一领导。坚持充分发挥水利部领导、组织、协调全国水利监督工作的职能，突出水利部水利督查领导小组及下设办公室的作用，按照国家对于行政监督的新要求，加强组织领导，完善顶层设计，部署监督计划，突出监督重点，强化队伍建设，构建统一指挥、统一计划、统一要求、统一平台、统一管理的新时代水利监督管理体制。

二是明确职能定位。以水利部门机构改革为契机，进一步明确督查办、监督司、其他司局及流域管理机构、各省级监督机构的职能定位，明确各项监督权责的划分，细化各个部门的监督职责范围，突出各个部门在监督工作

上的特点和重点，加强部门间的沟通合作，避免出现重复检查和监督盲区，形成水利监督合力。

三是实现全面覆盖。以破解我国新老水问题为导向，推动水利行业监管从"整体弱"到"全面强"，既要对水利工作进行全链条的监督，也要突出抓好关键环节的监督；既要对人们涉水行为进行全方位的监督，也要集中用力于重点领域的监督。全面加强对江河湖泊、水资源、水利工程、水土保持、水利资金以及水利行政事务工作的监管，实现水利监督的全覆盖，全面防范行业风险。

四是落实分级负责。实现中央、流域、地方各级水行政主管部门的监督职能统分结合、有效衔接，明确流域地方各级水行政主管部门监督职责和监督重点，按照属地管理权限落实地方的水利监督主体责任，部委监督突出引领示范的作用，地方监督形成举一反三的行动，构建分级负责、上下配合的监督体系。

五是探索协调联动。在推进各项水利监督工作时，充分发挥各个部门的主动性，将综合监督与专业监管相结合，由专职监督机构开展监督检查，将发现的问题及时交给责任单位和主管司局，由责任单位负责整改，坚持专业监管"正向推"，综合监督"反向查"，探索形成各部门相互协调配合并互为支撑的监督管理体制，共同构建水利大监督格局。

二、新时代水利监督的管理体制框架

按照党中央新时期治水思路和水利改革发展工作总基调要求，针对当前我国水利监督管理体制的完善需求，结合环境保护、自然资源、医药等相关行业的经验，本章将构建新时代水利监督管理体制框架，明确水利部及流域管理机构、各省级水行政主管部门在水利监督工作方面的层级管理关系，细化完善各级水行政主管部门的监督职责。

（一）水利部层级

为了充分发挥水利部对全国水利监督的统一领导、组织、协调、指挥职能，在水利部层级，应进一步突出水利督查工作领导小组（以下简称"领导小组"）的领导作用，整合水利督查工作领导小组办公室（以下简称"督查办"）及监督司牵头组织协调各项监督检查工作的综合监督职责，细化完善其他司局的专业监督职责，增强水利监督工作的系统性、整体性、协同性。

1. 水利部水利督查工作领导小组

水利部水利督查工作领导小组对于全国水利监督工作负有统一领导的职责，领导水利部具有相关职责的机关司局、事业单位、流域管理机构等相关单位开展全国水利监督检查工作。领导小组由水利部部长任组长，水利部分管监督工作的副部长任副组长，水利部具有相关监督职责的各机关司局主要领导、监督工作支撑单位主要领导作为成员，共同发挥领导统筹水利监督工作的作用。

为了更好地发挥领导小组对全国水利监督检查工作统一领导的职责，提高水利监督检查各项工作的统筹协调，下一步应对领导小组的职能予以强化，具体包括：（1）贯彻落实党中央、国务院关于行政监督和水利改革发展的要求，统一部署全国水利监督检查，统筹协调各相关部门开展监督检查工作，明确监督内容、检查方式；（2）依据检查结果及整改措施，部署全国水利监督检查"回头看"工作。

同时，还应进一步细化《水利监督规定（试行）》中领导小组现有的职责，确保水利监督工作的贯彻落实，具体如下。

（1）在决策水利监督工作、规划水利监督重点任务方面，负责审定各项水利监督规章制度，领导构建水利监督制度体系；统筹协调监督司（督查办）与其他司局年度水利监督检查计划。

（2）在领导督查队伍建设方面，明确水利监督队伍组建成立、人员构成、岗位职责等方面要求；协调有关部门出台政策，推动水利监督队伍能力建设，强化水利监督队伍的专业化、技术化，保障水利监督队伍的人员编制、技术装备、车辆设备以及配套补贴；推动解决监督队伍存在的突出共性困难。

（3）在审议监督检查发现的重大问题并进行责任追究方面，分析流域、地方在监督检查过程中普遍存在的问题及其原因，协调有关部门出台引导政策，指导工作，提出改进措施，推动问题解决。

2. 水利部监督司（水利部水利督查工作领导小组办公室）

《水利部关于成立水利部水利督查工作领导小组的通知》明确指出水利部水利督查工作领导小组办公室设在监督司，监督司（督查办）作为领导小组日常办事机构以及专职监督机构，应当更好地发挥牵头组织水利部本级监督工作的作用。负责承担领导小组交办的日常工作，并将各项工作细化实施；

牵头组织制定水利监督规章制度、政策文件及工作计划；牵头组织开展督促检查水利重大政策、决策部署和重点工作的贯彻落实情况，发现问题并跟踪督促整改情况。据此，在实践工作中应对监督司（督查办）现有职责进行强化，具体包括以下几方面。

（1）拟定监督相关规章制度、政策文件及计划。负责拟定水利监督相关政策文件、综合监督规章制度、年度水利监督重点任务计划、综合监督计划等，组织各相关司局拟定各业务领域的水利监督检查制度及年度水利监督检查计划，将水利监督相关政策文件及水利监督重点任务计划提交领导小组审核。

（2）归口管理水利部监督检查工作。按照水利监督工作计划，统筹协调、归口管理水利部各监督机构的监督检查任务，形成监督工作台账。

（3）归口联系流域管理机构及地方水行政主管部门的专职监督机构。向流域管理机构及地方水行政主管部门专职监督机构统一传达水利监督检查工作的工作任务及具体要求。

同时，为了更有效地实施水利监督的各项组织协调工作，还应进一步优化整合监督司和督查办现有的综合监督职能和组织水利监督队伍建设的职能，具体包括以下方面。

（1）组织开展综合监督工作。督促检查水利重大政策、决策部署和重点工作的贯彻落实；组织实施水利工程质量监督；组织重大水利质量、安全事故的调查处理。负责领导小组交办的跨业务领域的重大事项、重大问题、重大任务的监督检查，向领导小组提出所发现问题的整改及责任追究建议。按照其他司局提出的需求和标准，牵头组织开展节约用水、水资源管理、水利建设与管理等相关业务领域的综合监督检查工作，并将监督检查结果提交相关司局，提出整改意见及责任追究建议。

（2）指导水利督查队伍建设和管理。统一组织管理水利部本级监督队伍，按照水利监督任务和工作计划需要，明确各类监督队伍的人员构成、参与单位及支撑单位，负责部本级督查队伍的培训。

3. 水利部其他司局

新的水利部"三定"方案规定河湖管理司、水资源管理司、全国节约用水办公室等19个司局负责全国各自业务领域重点工作的监督检查，提出相应的监督检查工作要求，并对发现问题进行整改落实。这些司局除了在水利部水利督查工作领导小组的领导下负责专业领域监督工作外，更重要的是负有行业管理职责，其监督方式主要通过开展专业监督，即以监促管，督促问题整改并举一反三，完善业务管理，向前推进各项水利业务工作，提高业务领域管理水平。为了进一步明确区分除监督司外其他司局负责各领域专业监督的职责范围，应在实践工作中对这些司局的监督职责予以细化及补充。

（1）开展本领域常规监督检查工作。具体包括：负责对业务领域工作的开展情况进行日常监督，对所发现问题予以分析并督促整改，总结监督整改的优秀做法并完善业务管理规章制度，提升行业管理水平。根据新时代水利监督工作的要求，按照各自业务领域，集中加强对江河湖泊、水资源、水利工程、水土保持、水利资金、水利行政事务六大重点领域相关问题的监督。各重点领域监督工作所涉及的水利部下属除监督司外其他司局如表7-1所示。

表7-1　各重点领域监督工作所涉及水利部相关司局

监督重点领域	相关司局	监督重点领域	相关司局
江河湖泊	河湖管理司		水资源管理司
水利工程	水利工程建设司	水资源	全国节约用水办公室
	运行管理司		水文司
	农村水利水电司		调水管理司
	水库移民司	水利资金	财务司
	三峡工程管理司	水利行政事务	办公厅
	南水北调工程管理司		规划计划司
	水旱灾害防御司		人事司
水土保持	水土保持司		政策法规司
			国际合作与科技司

（2）与监督司（督查办）合作开展本领域的综合监督工作。向监督司（督查办）提出所负责业务领域内的水利监督需求及标准，并参与监督司（督查办）组织的各项综合监督检查工作；对所发现问题予以分析并督促整改，总结监督整改优秀做法并完善业务管理规章制度，提升行业管理水平。

水利部层级监督机构设置及层级管理关系如图7-1所示。

（二）流域管理机构层级

流域管理机构作为水利部派出机构，主要负责指定流域片区内监督检查。

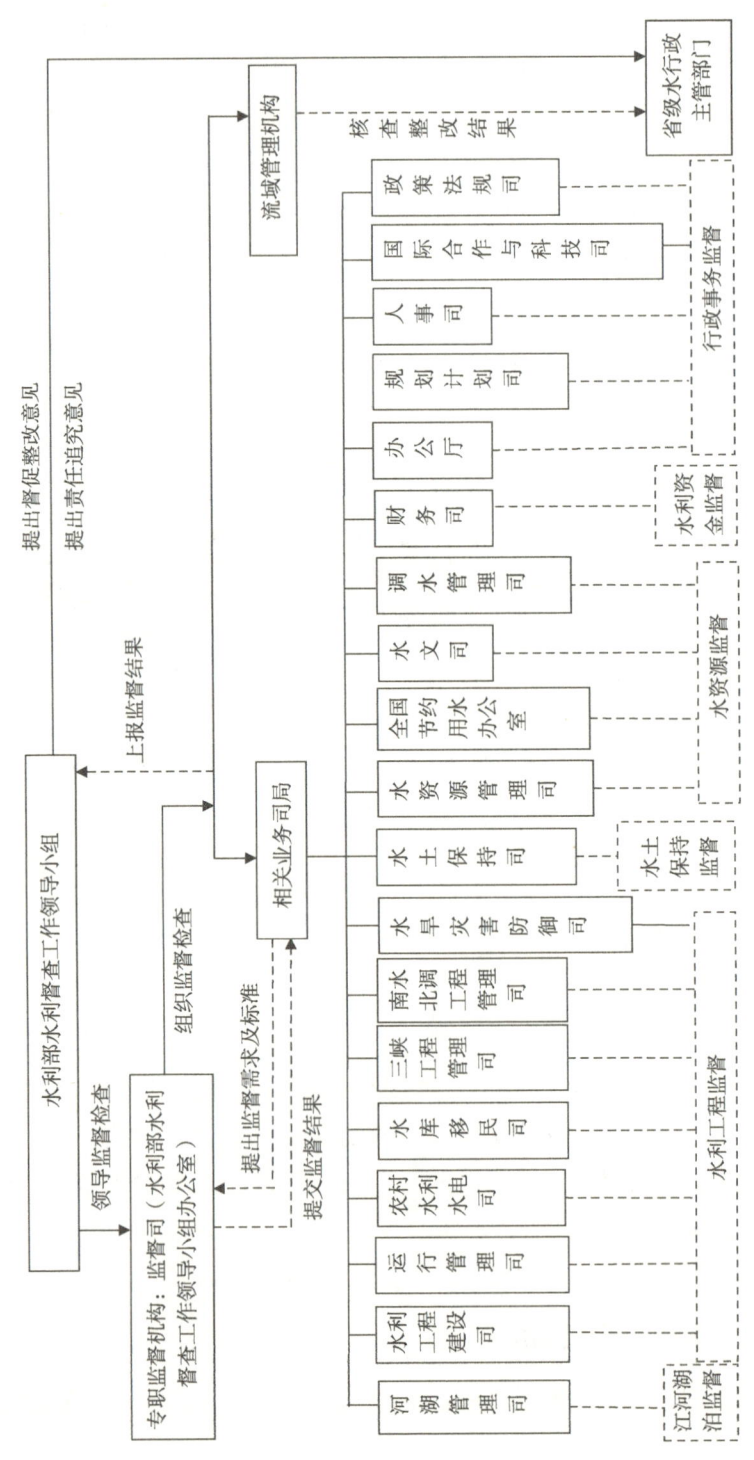

图 7-1 水利部层级监督机构设置及层级管理关系示意图

为了切实发挥流域管理机构支撑配合水利部监督工作、指导协调流域内各省（自治区、直辖市）水利监督工作的作用，流域管理机构在水利监督工作中应按照水利部统一部署，组建流域监督队伍，承担各项水利部安排的监督检查任务，与流域内各个省（自治区、直辖市）积极对接，督促指导地方进行整改，全面贯彻落实强化水利监督工作的各项任务要求。

1. 流域管理机构水利督查工作领导小组

流域管理机构水利督查工作领导小组（以下简称"流域领导小组"），负责按照水利部统一部署，领导流域内水利监督工作，组织领导流域管理机构具有监督职责的机关处（局）、业务支撑单位开展流域水利监督检查工作，并督促地方整改。

为确保流域管理机构指导流域内各个省（自治区、直辖市）、支撑水利部监督检查的作用能有效发挥，应进一步强化流域领导小组的职能：（1）根据水利部授权及部级相关制度与计划，制定流域水利监督规制制度及方案计划；（2）指导流域监督检查队伍建设，明确流域水利监督队伍组建要求，协调有关部门出台政策以推动流域水利监督队伍能力建设，强化水利监督队伍的专业化、技术化，保障水利监督队伍的人员编制、技术装备、车辆设备以及配套补贴，推动解决流域监督队伍存在的突出共性困难；（3）及时向水利部水利督查工作领导小组上报监督中存在的困难及工作需求。

2. 流域管理机构监督处（局）

流域管理机构监督处（局）作为流域专职监督机构，主要职责是按照流域领导小组的要求，牵头组织开展各项流域监督检查。各流域机构"三定"方案均对流域管理机构监督处（局）的职责进行了界定，包括督促检查流域内水利重大政策落实，组织开展流域业务领域的督查等。为更进一步有效发挥流域管理机构监督处（局）的作用，应对照水利部监督司的职责要求，进一步细化监督处（局）的各项监督职责。

（1）组织开展流域各个专业领域的综合监督检查。根据流域特点和业务处室提出的监督需求，牵头组织相关业务处室、支撑单位，开展监督检查工作，将监督检查结果及发现的问题及时提交相关业务处（局），并跟踪督促整改情况，推动流域层级的综合监督和专业监督相结合。

（2）归口联系水利部监督司（督查办）及地方水利部门具有综合监督职责的机构。落实监督司（督查办）下达的各项工作任务要求，统筹协调流域各项水利监督检查工作，与地方沟通水利监督检查的情况，对于地方所反映各领域普遍存在的问题，会同相关业务处（局）分析原因并及时汇报流域管理机构水利督查工作领导小组。

3.流域管理机构其他处（局）

按照各流域管理机构新的"三定"方案要求，流域管理机构其他处（局）在专业领域内的监督职责，主要是通过专业监督发现问题并督促整改。为了更进一步保障对水利监督重点领域实现强有力监管，这里对流域管理机构各业务处（局）职责内容补充：根据水利改革发展工作总基调的要求，按照各自职能，集中加强对流域江河湖泊、水资源、水利工程、水土保持、水利资金以及水利行政事务重点领域的专业监督。各重点领域监督工作所涉及的流域相关业务处（局）如表 7-2 所示。

表 7-2　各重点领域监督工作所涉及流域管理机构相关处（局）

水利监督重点领域	各相关处（局）	水利监督重点领域	各相关处（局）
江河湖泊	河湖管理	水利资金	财务
	河道采砂管理		审计
水资源	水资源管理	行政事务	办公室
	水资源节约与保护		规划计划
水利工程	建设与运行		政策法规
	水旱灾害防御		人事
	农村水利		国际合作与科技
水土保持	水土保持		

在与监督处（局）合作开展综合监督方面，侧重通过发现问题并督促整改，推进流域水利管理水平不断提高。针对监督检查任务，制订所负责业务领域内的水利监督需求计划及监督标准，并交由监督处（局）组织监督检查工作，分析监督检查中所发现问题并查找原因，与监督处（局）共同将情况及时上报流域领导小组；积极配合监督处（局）的监督检查工作，并提供技术支持。

流域管理机构层级监督机构设置及层级管理关系如图 7-2 所示。

（三）各省级水行政主管部门层级

地方水利监督是实现水利监督工作全覆盖的重要内容，通过监督检查对地方各项水利工作查找问题，并督促落实整改，不断促进水利行业管理水平

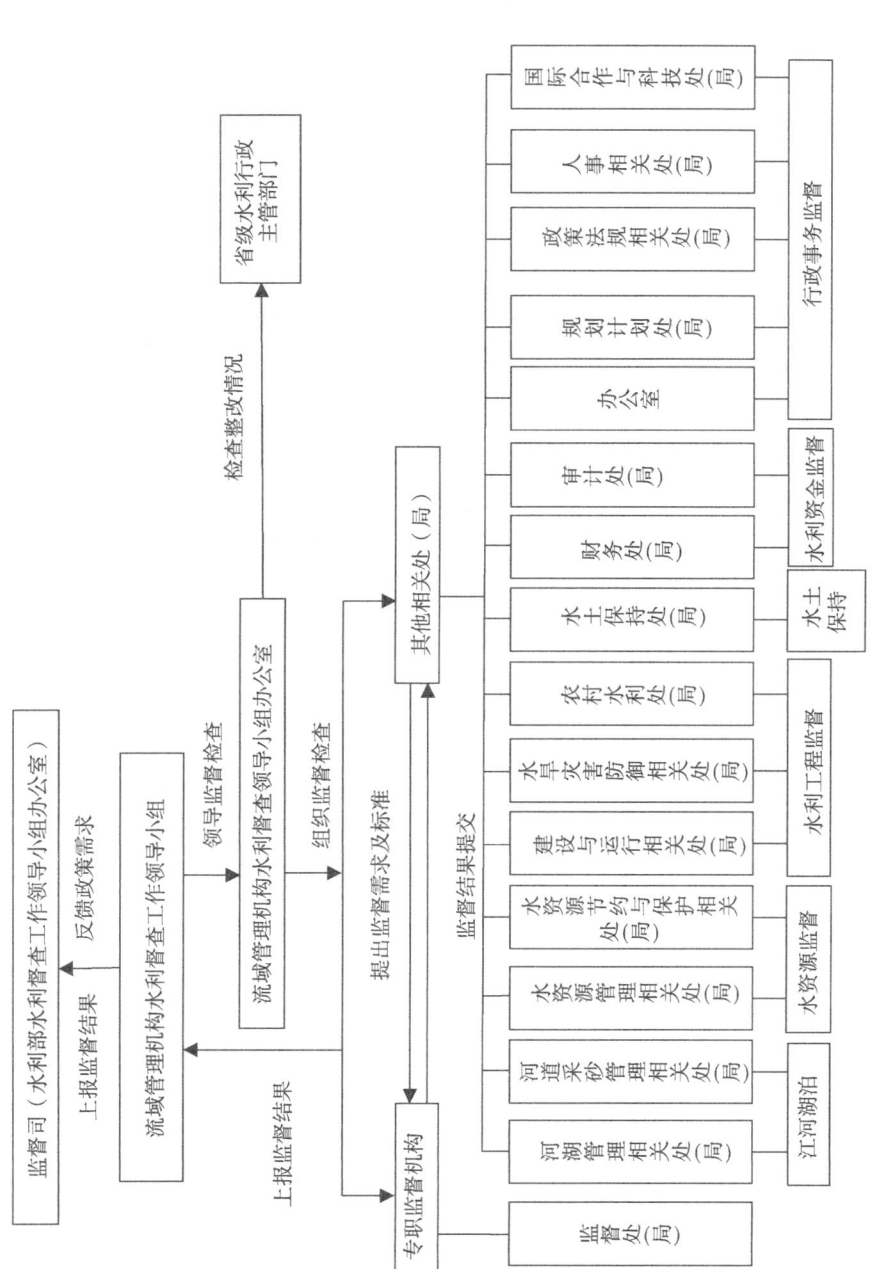

图 7-2 流域管理机构层级监督机构设置及层级管理关系示意图

的提升，是开展各项水利监督工作的最终目标。为了形成上下联动、全面覆盖的水利大监督格局，各省级水行政主管部门应努力实现监督职责与水利部有效对接，确保水利监督工作的上行下效、积极响应，促进各项问题进行整改，通过监督检查推动地方水利行业管理水平提升。

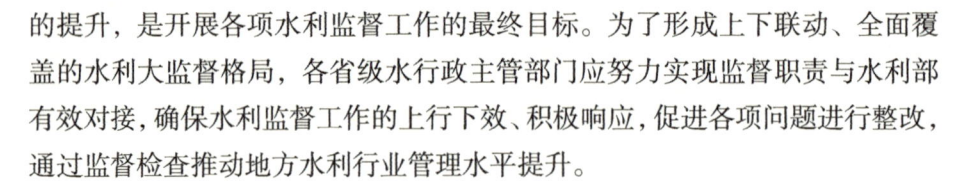

1. 省级水利督查工作领导小组

目前，各省（自治区、直辖市）成立的省级水利监督工作领导小组（以下简称"省级领导小组"）职责主要是对照水利部领导小组，按照管理权限，负责统一领导本行政区域内水利监督工作，组织领导省级监督处、具有相关职责的处室、事业单位、水行政执法等相关单位开展流域水利监督检查工作。

为了进一步确保各项水利监督工作的顺利进行，实现对水利部下达的各项水利监督任务的积极响应，建议省级领导小组增加以下职责：（1）组织协调辖区内各级水行政主管部门及相关单位监督工作，配合水利部及流域管理机构开展监督检查工作，并积极落实各项整改任务；（2）向水利部积极反映实际监督工作开展中的困难或问题，提出相关水利政策需求。

此外，还建议省级领导小组根据水利监督工作的要求，进一步细化其已有各项职责，具体包括以下几个方面。

（1）制定地方水利监督制度。结合地方水利工作的特点及需求，制定符合本省（自治区、直辖市）实际情况的水利监督制度。

（2）部署地方年度水利督查重点工作。按照水利部水利监督重点工作的要求，提出地方年度督查计划；部署全省（自治区、直辖市）年度水利监督检查重点任务，统筹协调各相关部门开展监督检查工作，明确监督内容、检查方式，积极配合水利部及流域管理机构开展的监督检查工作，部署地方水利监督检查"回头看"工作。

（3）落实责任追究及问题整改意见。对监督检查中发现相关问题的责任单位及具体负责人进行责任追究，对情节严重的情况移交地方纪检监察部门；认真分析问题原因并制订整改计划，安排相关部门落实整改工作，牵头联合各个部门对涉水相关问题进行整改，不断提高辖区内的水利行业管理水平。

（4）领导地方督查队伍建设。对地方水利监督队伍的组建成立、人员构成、岗位职责、人员考核等方面提出明确要求；协调有关部门出台相关政策，推动水利监督队伍能力建设，强化水利监督队伍的专业化、技术化，保障水利监督队伍的人员编制、技术装备、专业设备以及配套补贴。

2.省级水利监督处（或其他专职监督机构）

目前，全国各省级水利行政主管部门在专职监督机构设置上主要存在三种情况，一是设立了全新的水利监督处（或其他专职监督机构），全面与水利部监督司的职能对接；二是将原有的安监处更名为监督处，但职能并未与水利部监督司实现对接；三是由其他处室承担水利监督的各项职责，负责开展水利监督检查工作。为了进一步提高水利监督工作效率，实现水利监督工作的上下联动协调、积极响应，进一步强化地方水行政主管部门水利监督职责与部委水利监督职责的对应衔接，应设立专职水利监督机构负责对地方水利行业进行综合监督。如根据地方实际情况确实难以设立监督处，可将与水利部对接的各项监督职能赋予特定业务部门，作为专职监督机构，确保地方与水利部在监督职能上的有效衔接。在构建水利监督管理体制过程中，建议地方水行政主管部门监督处（或其他专职监督机构）对以下职责予以强化。

（1）拟定相关监督制度、拟定年度水利监督检查方案、计划并上报地方水利领导小组审核。

（2）牵头组织开展辖区综合水利监督检查，配合相关处室开展专业监督检查，并针对整改情况开展"回头看"工作。

（3）配合水利部及流域机构开展各专项监督检查。

（4）根据水利部下达的责任追究意见及问题整改要求，按照制度法规对相关问题的责任单位及具体负责人进行责任追究。

（5）分析监督检查发现的问题与产生原因并制订整改计划，安排相关部门落实整改工作，提高地方水利部门对辖区内水利行业管理水平。

（6）负责指导协调辖区内市县水利行业监督工作，组织办理领导批办、突发应急事件等监督相关事项，承办地方水行政主管部门交办的其他事项。

（7）组织开展地方监督队伍培训，提高监督人员的专业素养和技术水平。

3.省级水行政主管部门其他处室

为了进一步促进构建地方水利大监督格局，建议各省级水行政主管部门进一步细化其相关处室与监督处（或其他专职监督机构）合作开展辖区内重点领域监督检查工作的职责，重点强化各业务处室通过督促整改各项监督检查中发现的问题，推动业务管理水平，不断提高专业监督职能，具体包括以下内容。

（1）参与监督处（或其他专职监督机构）组织的监督检查工作，根据专业领域工作开展实际情况，向监督处（或其他专职监督机构）提出监督需求及标准，提供人员支持和技术支撑。

（2）推动综合监督与专业监督相结合，对各项监督检查结果中显示的问题予以分析并积极推动落实整改，总结推广监督整改的优秀做法并完善业务管理规章制度，提升辖区内该业务领域的管理水平。

各省级水行政主管部门层级监督机构设置及层级管理关系如图7-3所示。

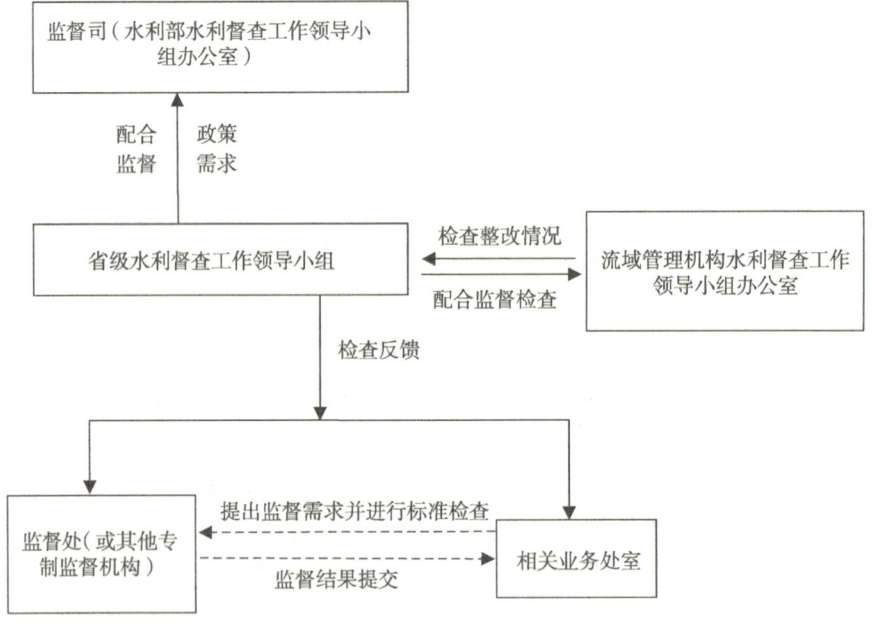

图7-3　各省级水行政主管部门层级监督机构设置及层级管理关系示意图

（四）监督队伍建设

监督队伍建设是构建新时代水利监督管理体制的重要内容。《水利督查队伍管理办法（试行）》对水利监督队伍建设进行了相应规定，明确水利监督队伍包括承担水利部督查任务的组织和人员，主要由水利部以及地方水利监督队伍构成。监督队伍的主要职责是负责对全国各流域地区的各级水行政主管部门、流域管理机构及其所属企事业单位的履责情况进行监督检查，及时发现问题，督促整改并实施追责。这里将结合实际情况，明确各级水行政主管部门对水利监督队伍建设应当承担的主要职责，构建完善各级水利监督队伍的组织框架。

1. 水利部监督队伍

水利部层级的水利监督队伍由水利部水利督查工作领导小组统一领导，水利部督查办负责组织协调，水利部各职能部门负责业务指导，水行政执法机构依法实施行政处罚、行政强制，部相关直属单位作为主体承担监督检查任务，流域管理机构监督队伍负责各流域监督检查工作，共同完成水利监督任务。

根据《水利督查队伍管理办法（试行）》，在水利部监督队伍中，水利部水利督查工作领导小组负责领导水利监督队伍的规划、建设和管理工作。为协调生态环境、自然资源等涉水行业主管部门开展跨领域监督工作，可由水利部水利督查工作领导小组与其他部门协商，组织跨部门监督检查队伍，实施部门联合监督检查。

《水利督查队伍管理办法（试行）》规定，水利部督查办的组织协调职责包括统筹安排部本级水利监督检查计划，组织协调水利监督队伍的监督检查业务开展，承担交办的监督检查任务。为了实现对水利部水利督查队伍的统一管理，应新增水利部督查办职责，在水利部水利督查工作领导小组的领导下，水利部督查办应负责水利部监督队伍的组织工作，确定水利部监督队伍的人员构成、组成部门及支撑部门。

作为水利部的直属单位，目前水利部建安中心是执行水利部监督检查任务的主要单位，根据建安中心"三定"方案，建安中心本身职责即为承担水利工程稽查、组织质量与安全监督等有关的专家、现场调查、技术支持以及培训统计等工作，且建安中心在水利监督检查工作上具有较丰富的经验，因此应由建安中心作为水利部监督队伍的主要人员力量。此外，水资源管理中心、河湖保护中心、节约用水促进中心等相关单位负有最严格水资源管理制度考核、节水信息统计、河湖管理保护基础信息收集分析的相关职责，为水利督查工作提供有效的技术及专家支撑。

流域管理机构监督队伍主要按照水利部督查办统一部署，开展流域各项监督检查工作，并为水利部监督工作提供人员、设备、技术等方面的有力支撑，配合水利部实施监督检查工作。据此，流域管理机构监督队伍组织管理框架如下：由流域水利督查工作领导小组根据水利部要求，领导流域水利监督队伍的建设和管理工作；由流域管理机构监督处（局）负责组织流域水利监督队伍，开展各项流域水利监督检查；流域管理机构河湖保护与建安中心作为专属监督检查单位，是流域水利监督队伍的主要组成部分，根据职责分工承担有关监督检查任务执行、监督检查工作实施保障等工作；流域管理机构下属有关规划设计、水政执法、水文监测等单位则负责为监督检查工作开展提供相应的技术支撑。

2. 地方水利监督队伍

作为地方水利监督检查的主要力量，地方水利监督队伍由省级水利督查工作领导小组（以下简称"省级领导小组"）领导，监督处或其他负责综合监督职责的部门负责组织协调，各职能部门负责业务指导，水行政执法机构依法实施行政处罚、行政强制，省级水行政主管部门下属事业单位作为主体承担监督检查任务，由省级水利部门其他下属单位提供技术支撑，共同开展地方水利监督工作。

建议地方水利监督队伍由省级水行政主管部门的水利督查工作领导小组统一领导，由其负责监督队伍的建设及管理。在省级领导小组的指导下，可由省级水利部门监督处或其他负责综合监督职责的部门统筹安排地方水利监督检查计划，组织协调地方水利监督队伍的监督检查业务开展，承担省级领导小组交办的监督检查任务。同时，可由省级水利部门监督处及其他职能部门负责指导水利监督队伍相关领域业务工作，配合地方水利部门开展专项监督检查。对监督检查中涉及查处公民、法人、其他组织水事违法行为，可能实施行政处罚、行政强制的，应移交地方水行政执法机构依法实施。此外，建议根据实际情况，确定由合适的省级水行政主管部门下属事业单位承担省级水利监督检查任务的执行、监督检查工作实施的保障等职责，并由其他相关下属单位提供技术支撑。为了保证监督工作的顺利有效进行，可选择原本即承担水利监督相关职责的一个或几个下属事业单位承担监督检查执行职责，例如工程质量与安全监督中心、工程建设监督中心、河湖管理中心、河务管理局等，组成省级监督队伍的主体，开展地方水利监督检查工作。

3. 水利监督队伍保障机制

（1）强化人员配备及考核。一是在人员编制上，水利部领导小组应根据监督具体职责、全国水利行业发展情况以及水利部监督检查工作内容等，科学合理确定各级监督队伍人员规模，积极与中央机构编制委员会办公室沟通，推动增加水利监督人员编制，使水利部水利督查队伍人员编制与所承担的监督检查任务相匹配；水利部领导小组也应加强与地方政府的沟通协调，加强地方对水利监督的重视，推动形成并强化水利监督的氛围，确保地方水行政主管部门人员编制满足强监管需求。二是在人员配备上，按照国家精简行政人员编制的要求，为缓解各地方监督队伍人员不足问题，各市县监督队伍可以在省级领导小组的统一安排下，采用联合监督的形式，组合起来开展监督工作。三是在人员考核上，《水利督查队伍管理办法（试行）》对水利部水利督查队伍人员考核进行了规定，有利于激发监督队伍人员的工作积极性。在地方水利监督队伍建设中，也应由督查办或兼任其职责的部门负责地方监督队伍的工作考核，并将考核结果纳入年度综合考评，作为干部任用、考核、奖惩的参考。

（2）确定监督岗位责任。水利部及地方各层级确定监督队伍组成单位及人员时，要保证队伍成员专业技能涵盖各大监督重点领域，成员的专业水平能胜任业务领域监督工作，以确保监督工作效果；对于风险较高的监督事项，还应配备相应数量的具有应付高风险和实践经验的监督人员。水利部及地方水利监督队伍组建中，可从其职能部门下属相关处室、科室，或各级水行政主管部门的直属单位中选任素质优秀的工作人员，明确其监督检查的岗位责任，并明确要求相关处室、科室安排监督人员优先配合水利监督检查工作；或通过政府购买服务的形式，依靠第三方解决体制内人员不足问题。伴随水利监督队伍的发展，待时机成熟后，可考虑组建水利部专职的水利监督队伍，形成以专职监督检查员为主体，兼职监督检查员为补充的水利督查队伍，进一步为强化水利监督效力。

（3）探索人员培训交流。《水利督查队伍管理办法（试行）》中规定，水利部水利督查人员需通过督查上岗培训考核。地方水利督查队伍建设中，也应设立督查人员聘用考核机制，对培训考核合格的，统一发放水利督查工作证，以严格把关监督人员专业能力，确保监督队伍的专业化。此外，应由水利部及流域地方专职水利监督机构定期组织监督人员培训、交流活动，包括水利部统一培训及地方内部培训、全国层面交流以及地方内部交流等。在对水利监督人员的业务培训中，应创新培训方式，建立监督人员岗前培训和日常培训制度，并加强培训全过程管理和考核评估，强化学习培训成果在年终考核、推优评选、职级调整、职务晋升等环节的运用。水利监督人员交流活动中，交流的内容主要为在开展监督检查工作中发现的共性问题及其解决办法，以提高水利督查人员的专业素养和工作能力，继而提升监督工作效率。

（4）强化技术支撑及经费保障。水利监督队伍建设中，要加强各项基础设施建设及高新技术装备的配置，构建立体监控平台、强大的技术支持系统，实现监督工作信息化，推动政务信息网络建设、监督设备信息网络建设、监督工作信息化建设。而水利监督队伍的装备、信息化建设及人员稳定，均离不开对监督队伍的经费支撑。在满足经费保障方面，水利部及流域管理机构应依据监督检查实际情况，与相关部门积极协调，建立稳定的财政经费保障机制，适当增加监督检查补助，确保监督检查队伍的辛勤付出能够得到相应回报，避免滋生懈怠抵触情绪，确保监督队伍稳定发展并持续有力支撑水利监督工作。

本章构建的新时代水利监督管理体制与当前水利监督管理体制的主要内容比较详见附表三。

第八章 主要结论和对策建议

一、主要研究结论

(一) 应从健全机构、细化职责、厘清权限层级关系等方面进一步完善水利监督管理体制

随着当前我国治水主要矛盾的深刻变化、水利行业改革发展的不断推进,新时代水利监督工作面临着新形势、新任务、新要求。为了确保水利监督工作的顺利高效开展,切实防范水利行业各类风险,水利部及各级水行政主管部门要对其内部监督机构职责进行完善,明确职责划分,加强各级水利部门之间及部门内部监督工作的协调性,建立全面覆盖、权威高效的水利监督管理体制。

为实现对全国水利监督工作的统一领导与有效监督,在水利部层级应进一步强化水利部水利督查工作领导小组对全国水利监督工作的统一领导职能,强化其统一部署全国水利监督检查、统筹协调各项监督检查工作任务、部署全国水利监督检查"回头看"工作等职责;强化水利部监督司(督查办)组织监督队伍、开展水利部重大监督检查、牵头组织开展综合监督工作的职责,其中包括加强监督司(督查办)与其他司局协调配合;重点加强对水利监督六大重点领域相关问题的监督。

为了确保水利部交办的监督检查任务有效落实,流域内各省(自治区、直辖市)监督工作协调有序,以及整改工作的切实落实,有必要进一步发挥流域管理机构的监督职能,强化流域领导小组及其办公室统一领导部署流域内监督检查工作并向水利部及时反映问题情况的职责;为确保对流域江河湖泊、水资源、水利工程、水土保持、水利资金以及水行政事务等重点领域的有效监督,应强化监督处(局)组织开展流域各个专业领域监督检查、促进流域管理机构与水利部及地方水利部门实现更好的上下级联动监督的职责;强化各业务处(局)通过专业监督发现问题并督促整改,并配合监督处(局)开展流域监督检查的职责。

为保证地方水利监督工作顺利进行、与水利部及流域管理机构监督检查工作协调配合、问题整改落实及行业管理水平的切实提高,各省(自治区、直辖市)水行政主管部门应增加领导小组组织协调辖区内监督工作,配合水利部及流域管理机构开展的各项监督检查,积极落实各项整改任务的职责;设立专职水利监督机构承担水利综合监督职责,与水利部监督司各项监督职

能有效对接，并强化其牵头组织开展辖区内水利综合监督检查、配合水利部及流域机构开展各专项监督检查、组织监督检查人员培训等职责；实现相关业务处室与专职水利监督机构协调配合开展监督工作，通过推动整改不断提高行业管理水平。

（二）应大力强化水利监督队伍建设，以保障水利监督工作的顺利开展

为了更好地为水利监督工作提供支撑，强化水利监督队伍能力建设，应对各级监督队伍组织框架以及监督队伍建设保障机制予以完善。

水利部水利监督队伍组织框架中，增加水利部监督司（督查办）负责水利部监督检查队伍的规划、组建及管理的职责；构建流域管理机构监督队伍，由流域水利督查工作领导小组统一领导，流域督查办负责组织协调，流域各职能部门负责业务指导，流域管理机构河湖保护与建安中心作为专属监督检查单位承担监督检查任务，流域管理机构下属有关单位负责为监督检查工作提供技术支撑。

为确保地方水利监督工作的顺利高效进行，应由省级水利部门的水利督查工作领导小组负责统一领导地方水利监督队伍的建设及管理，并与生态环保、自然资源等其他部门协商共同组建跨领域监督队伍；由省级水利部门监督处或其他负责综合监督职责的部门协调地方水利监督队伍的监督检查业务开展，承担领导小组交办的监督检查任务，并指导水利监督队伍相关领域业务工作；由合适的省级水行政主管部门下属事业单位负责执行省级水利监督检查任务，并由其他相关下属单位提供技术支撑。

此外，为了对水利监督队伍建设提供有力保障，应强化水利监督队伍建设保障机制，包括形成部委与地方、地方内市县之间多层级联合监督机制，强化人员配备及考核机制，明确监督岗位责任，探索人员培训交流机制，并强化技术支撑及经费保障等。

二、对策建议

（一）加快健全完善水利监督法规政策

为了强化水利监督工作的权威性，提高监督效率、效果和强监管力度，当前有必要加快完善水利相关法规政策，从而为水利监督提供制度保障。

一是要加快推进涉水法律法规的立法进程。应适时启动《中华人民共和国水法》修订，加快推进《地下水管理条例》《节约用水条例》《河道采砂管理条例》等立法进程，进一步完善水资源开发利用、水资源保护、水工程安全运行、节约用水等各领域关键制度，并加大对涉水违法行为的执法监督力度和惩戒力度，从而为水利监督中行政执法提供更完备的法律依据，增强对违法违规涉水行为的威慑力。

二是要加快制定出台水利监督相关政策及标准。一方面，加快完善"2+N"的水利监督制度体系，进一步明确各监督机构之间的衔接配合机制；完善公众参与水利监督相关政策措施；制定和实施江河湖泊、水资源、水利工程、水土保持、水利资金、行政事务等各专业领域的监管办法。另一方面，进一步完善水利监督的相关标准，包括水利监督的行为标准（如何监管）、评价标准（监管到什么程度）和保障标准（经费等），不断完善各专业领域的日常监督管理标准，为开展水利监督提供标准依据。

（二）明确中央与地方的水利监督职责划分

明确中央与地方的水利监督职责划分，对提高水利监督工作效率，避免重复监督、基层负担过重等具有重要意义。在明确中央与地方水利监督职责划分中，应由中央掌握涉及全国性事务、关系到人民切身利益的重大事务、跨区域事务的事权，同时下放地方政府可以处理的事权以发挥其本土优势，并充分调动地方积极性和主动性。

在中央与地方的水利监督职责划分上，水利部及流域管理机构应侧重重点、跨区域督查，而地方水利部门应侧重日常、辖区内监督。水利部及流域管理机构应当侧重于开展重大事项、专项任务以及跨行政区域事项的监督检查，查找分析问题，提出整改意见，促进地方加强整改，协调解决问题，推进水利行业可持续健康发展；可采取"自上而下、一插到底"的督查方式，以发现并解决需重点关注的行业问题，并通过监督检查起到引领示范作用，带动地方政府水利监督的主动性，倒逼地方加强其水利监督并提高行业管理水平。地方水利部门职能定位应侧重开展辖区内的日常监督检查，按照各自职责范围，覆盖水管理各领域，并推动落实水利部领导小组的督促整改意见，以监促管，提高管理水平。水利部及流域管理机构的重点督查不能替代地方水利部门日常监管，是日常监管的补充和完善，两类监管应在划分明确职责界限的同时互相配合，避免行政资源浪费，并促进监督合力的形成。

（三）深化各级水行政主管部门对强化水利监督工作的认识

为了确保水利监督机构能够有效发挥新时代水利监督的作用，各级水行政主管部门应进一步深化对于水利监督工作的认识，保障水利监督工作在党统一领导下顺利协同高效开展。

一方面，新时代水利改革发展总基调要求水利监督工作要全面适应治水矛盾的变化，开展全覆盖高频次的监督检查，对各重点业务领域的监督工作提出了明确要求；同时，当前各种水问题日趋复杂，水利监督工作涉及多部门、多领域，需要开展大量的跨领域监督工作，对于水利专业素质要求较高。因此，各级水利部门应当通过学习解读、政策宣讲、座谈交流、业务培训等方式，增进对水利监督工作的认识和理解，充分认识到本部门在业务领域开展专业监督的重要性，加强对自身监督职能定位的认识，充分发挥机构的专业技能，积极参与各项监督检查工作，与专职监督机构协调配合，确保对各水利业务领域实现有效监督，以监促管，推动行业管理水平不断提高。各专职监督部门也应准确理解自身职责的意义和内容，把握综合监督与专业监督的关系，充分发挥综合监督作用，通过发现问题倒逼行业管理水平的提升。

另一方面，水利部应指导地方水行政主管部门进一步强化对"强监管"主旋律的认识，将工作重心调整至行业监管，正确理解水利部监督检查相关政策，加强水利监督机构职能定位的理解，准确把握监督处室或其他专职监督机构在行业监管中的作用，理解新成立的监督处室与原安监处之间职能定位上的差异，对照构建水利大监督格局的要求，紧紧围绕江河湖泊、水资源、水利工程、水土保持、水利资金以及水利行政事务工作六个强监管重点领域，强化监督处室或其他专职监督机构的各项职能，实现地方水利监督工作与水利部有效对接，积极响应水利部的统一部署，推动各项监督工作在地方有效落实，确保整改工作的切实到位，构建上下协同的水利监督管理体制，形成水利监督合力。

（四）进一步理顺监督机构协调配合关系

为了提高水利监督检查效率，提升水利监督效果，应结合生态环境保护领域相关经验，进一步完善水利监督管理体制，协调水利监督机构共同开展监督检查工作。

一方面，理顺多部门间协调配合关系。积极探索多个部门配合开展水利监督检查的模式，按照综合监督与专业监督相结合的要求，加大除专职监督部门外的其他部门对于水利监督工作的参与程度，明确各部门在监督工作中的领导、组织、协调、落实、反馈等方面的职责，在工作中相互配合、互为支撑，有效落实监督检查、问题认定、责任追究及督促整改等各个方面的工作，共同开展水利监督工作。

另一方面，加强地方水利部门与水利部监督职责的有效衔接。为了确保水利监督相关政策在地方能得以贯彻落实，保证水利监督工作落实到位，水利部应参考生态环境部地方部门与部委机构设置有效衔接相关经验，指导地方水行政主管部门对水利部监督机构承担的具体职责进行深入理解并准确把握，继而指导其合理划分内部机构的监督职责，促进实现水利部提出的需要大力强化监督职责在地方均有相应的专职监督机构能够承担履行，实现监督职责上的有效衔接，处理好部委监督与地方监督的协调合作关系，确保各项水利监督政策和制度在地方得以有效落实，从而进一步保证各项水利监督工作能够实现上传下达、令行禁止，共同构建水利大监督格局。

（五）进一步细化拓展水利重点领域监督

为了能集中用力于重点领域的监管，继而实现对人们涉水行为进行全方位的监管，当前有必要进一步细化拓展水利重点领域监督，明确重点领域具体监督内容、监督主体及职责等，以提高水利监督工作效率。

一方面，水利部应指导地方水行政主管部门，对其在江河湖泊、水资源、水利工程、水土保持、水利资金以及行政事务工作等重点领域的具体监督内容予以拓展细化。其中江河湖泊领域的监管内容应包括河长制湖长制实施情况，河道采砂管理工作，河道管理范围内建设项目和活动管理有关工作等；水资源领域监管内容应包括水量分配工作，最严格水资源管理制度考核，节水标准及用水定额的制定及考核，水文法规、政策、规划和技术标准实施情况，辖区内水文要素监测，水资源调度工作等；水利工程领域监督内容包括水利建设项目法人责任制、建设监理制等执行情况，水利工程安全监测，农村水利和农村水电法规、政策、规划、标准等实施情况，水利工程移民安置实施情况，防御洪水方案和洪水调度方案实施情况等；水土保持领域监督内容包括水土流失监测评价，水土保持政策、法律、法规和技术标准实施情况等；水利资金领域监督内容包括地方水利专项资金规划实施情况，地方水利行政事业单位国有资产配置、使用和处置情况等；行政事务工作领域监督内容包括厅督办督查，重大水利规划实施评估，重大水利建设项目等有关防洪论证工作，地方水利政策研究、制度建设项目规划和年度计划实施，直属单位领导班子、干部监督，水利干部教育培训规划实施，水利科技政策与发展规划、水利行业的技术标准、规程规范实施情况等。

另一方面，各级水行政主管部门还应对所有重点领域监督工作开展予以细化。其一，水利部应出台江河湖泊、水资源等重点领域监督工作相关规范性制度，对各级监督主体及其监督范围予以界定，明确各级监督主体职责之间的协作关联，对监督方式、监督流程予以规定，确定监督中可能发现的问题类别，并根据问题类别进行问题认定，继而按照"一省一单"或"一项一单"的方式，确定问题整改与责任追究等。其二，地方水行政主管部门应结合当地主要存在的水问题、主要的监督内容等，参考水利部有关重点领域监督检查规定，出台重点领域监督工作相关制度，对地方如何开展重点领域监督工作予以明确。具体内容同样包括监督主体、监督职责、监督方式流程、问题类别及认定、问题整改与责任追究等，为地方具体监督工作开展提供制度依据。

（六）充分发挥河长制湖长制等平台对于强化水利监督的支撑作用

对比生态环境部开展的中央环保督察制度和自然资源部开展的国家自然资源督察制度，两者均属于国家层面的督察制度，且形成了一套较为完善的监管体系，具有强有力的监管手段，督察结果是地方政府年度考核的主要依据之一，地方政府均较为重视。目前水利强监管工作刚刚起步，缺少有效的强监管制度支撑，尚未形成完整的体系，体制机制制度保障不足，同时也缺少有效的监管手段，水利工作在地方政府工作中的重要性仍有待突显，对于地方政府水利工作的考核也较少，地方政府对于水利工作的重视程度仍相对不够。

参考水利行业当前的实际情况，建议进一步发挥河长制湖长制以及最严格水资源管理制度考核这两个党中央国务院授权的机制平台的作用，提高水利监督的权威性，让地方对水利强监管工作予以充分重视，促进其履行政府主体责任。一是应当形成良好的督查问题报送机制，将在督查中发现的问题准确认定并进行分类，对于水利部门自身的问题应当及时与负责单位进行沟通，督促整改；对于水利部门整改不到位的问题和其他行业监管不到位的涉水问题应当及时报送相关河湖长和省级河湖长，通过河长制湖长制推动问题得到整改，实现行业监管逐步加强。二是将河长制湖长制以及最严格水资源管理制度考核切实纳入对于省、市、县各级政府的政绩考核中，将水利各监管重点领域存在的主要问题整改情况列入考核指标，提升水利监管水平在地方考核中的权重，加强地方政府对于水利考核的重视程度，并强化水利相关考核的可操作性。

参考文献

[1] UYSAL K Ö. Assessing the performance of participatory irrigation management over time：A case study from Turkey[J]. Agricultural Water Management，2010：1017–1025.

[2] CONNELL D. Water reform and the federal system in the Murray-Darling Basin[J].Water Resour Manage，2011：3993–4003.

[3] WARD A F. Financing irrigation water management and infrastructure[J]. A Review：International Journal of Water Resources Development，2010：321–349.

[4] MOLLINGA P P，MEINZEN-DICK R S，MERREY D J.Politics, plurality and problemsheds：a strategic approach for reform of agricultural water resources management[J].Development Policy Review，2007：699–719.

[5] 赵一琦，时国军. 浅谈水利行业监管体制机制创新：创新体制机制建设 强化水利行业监管论文集[C]. 北京：中国水利水电出版社，2020.

[6] 林晓云. 水利管理运营体制改革值得研究的若干重要问题[J]. 四川水泥，2019（6）：211.

[7] 赵越. 水利工程精细化与现代化管理建设探析[J]. 黑龙江水利科技，2020，48（10）：156–158.

[8] 金秀实. 水利工程管理体制中存在的问题及对策[J]. 黑龙江水利科技，2020，48（6）：203–205.

[9] 郭连东. 水管体制改革与水利管理现代化研究[J]. 工程技术研究，2020，5（12）：179–180.

[10] 田飞飞，钟小彦，田翔. 水利工程管理体制模式创新分析研究：2020万知科学发展论坛论文集（智慧工程二）[C]. 中国智慧工程研究会智能学习与创新研究工作委员会，2020：7.

[11] 徐保鹏. 新时期如何有效地开展水资源管理工作探讨[J]. 农村实用技术，2021（5）：172–173.

[12] WANG L，XIE Z K，CHEN W L，et al. Quality and safety issues and countermeasures of major water conservancy projects in Zhejiang Province[J].IOP Conference Series：Earth and Environmental Science，2021，787（1）：2–6.

[13] JXIANG J. Research on construction safety evaluation and management system of water conservancy and hydropower projects[J]. IOP Conference Series：

Earth and Environmental Science，2021，638（1）：5–6.

[14] YONSOO K, NARAE K, JAEWON J, et al. A review on the management of water resources information based on big data and cloud computing[J]. Journal of Wetlands Research，2016，18（1）：100–112.

[15] PENG S Z, GAO X L, YANG S H, et al. Water requirement pattern for tobacco and its response to water deficit in Guizhou Province[J]. Water Science and Engineering，2015，8（2）：96–101.

[16] 刘春阳.基于收益博弈理论的水利工程质量监督研究［J］.北京水务，2015（5）：36–38.

[17] 张海龙.水利工程项目质量监督管理［J］.四川水泥，2018（7）：208.

[18] 王洪秋.探究如何做好新时代水利工程质量监督工作［J］.绿色环保建材，2021（7）：193–194.

[19] 袁敏.简析水利工程建设质量与安全监督管理问题［J］.长江技术经济，2021，5（S2）：53–55.

[20] 荣瑞兴.新形势下水利建设工程质量监督管理与创新模式［J］.世界热带农业信息，2021（8）：66–67.

[21] 张有平.对农田水利工程建设质量监督管理的思考［J］.农业科技与信息，2021（14）：93–95.

[22] 张有文，陈金辉.中小型水利工程质量监督工作探索［J］.水利技术监督，2021（7）：3–6.

[23] 王松春.谋划行业监督新蓝图 助力水利高质量发展［J］.水利发展研究，2021，21（7）：35–37.

[24] 张鹏飞.探究当前基层水利工程质量监督工作现状和发展方向［J］.中华建设，2021（19）：100–101.

[25] 明旭东，张靖.对水利工程施工安全监督的认识与思考［J］.低碳世界，2021，11（6）：210–211.

[26] 杨程.水利水电工程质量验收监督与管理［J］.新农业，2021（12）：32.

[27] 黄雅嘉.广东省水利工程质量监督工作探讨［J］.广东水利水电，2021（6）：103–107.

[28] NI X D，HOU X Y. Application of big data technology in water conservancy project informatization construction[J]. IOP Conference Series：Earth and Environmental Science，2021，768（1）：1–4.

[29] WANG Y M. Application of modern communication technology in water conservancy work[J]. Journal of World Architecture，2019，3（2）：5–8.

[30] LI S，WANG Y J，ZENG Y. The standardization system of water conservancy project cost management under the EPC general contract mode[J].IOP Conference Series： Earth and Environmental Science，2021，787（1）：2–4.

[31] ZHAO S，ZHAO J F. Application research of multimedia video system in water conservancy and hydropower engineering management[J]. Journal of Visual Communication and Image Representation，2019：1.

[32] 方子杰，唐燕飚，夏玉立.对新时代推进水利高质量发展的思考[J].水利发展研究，2019，19（8）：14–19.

[33] 张旺.建设现代化水利强国的认识和建议[J].水利发展研究，2019，19（5）：1–3.

[34] 刘伟平.转变思想观念 适应新时代水利发展要求——在水利改革发展报告会暨第三届理事会第六次会议上的发言[J].水利建设与管理，2019，39（4）：5–9.

[35] 徐建新.探讨如何在新时代水利发展中发挥智慧水利的作用[J].农业科技与信息，2020（16）：100–101+103.

[36] 陈燕.新时代水利宣传工作应从专业传播到综合传播[J].新闻文化建设，2021（6）：58–59.

[37] 刘流，陈璐，罗政.新时代如何做好水利工程移民规划设计工作[J].人民长江，2021，52（S1）：369–371.

[38] 杜雅坤.基于新时代水利改革发展大局的治淮宣传探索与实践[J].治淮，2021（3）：48–49.

[39] 赵洪涛，蒋雨彤.融媒体时代水利宣传创新发展探索与实践[J].报林，2020（Z2）：78–79.

[40] 张尚鷟.行政监督概论[M].北京：中国人事出版社，1993.

[41] 刘守芬,许道敏.制度反腐败论[J].北京大学学报(哲学社会科学版)，2000（1）：5–17.

[42] 水利部关于印发水利监督规定（试行）和水利督查队伍管理办法（试行）的通知[EB/OL]. http：//www.jsgg.com.cn/Index/Display.asp?NewsID=24030.

[43] 王晓微. 中国体育产业管理体制改革研究[D]. 长春：吉林大学，2014.

[44] 欧元捷. 论诉讼程序与督促程序的两线并行模式[J]. 法学论坛，2016（2）：45-51.

[45] 苗奇，王琼. 新形势下党的督查工作困境探析与路径优化——基于"三圈理论"模型的分析框架[J]. 中共福建省委党校（福建行政学院）学报，2021（1）：25-33.

[46] 杜建军，刘洪儒，吴浩源. 环保督察制度对企业环境保护投资的影响[J]. 中国人口·资源与环境，2020，30（11）：151-159.

[47] 苗东升. 系统科学精要（第2版）[M]. 北京：中国人民大学出版社，2006.

附件

附表一 流域管理机构专职水利监督机构及职责内容

流域管理机构	专职监督机构	职责内容
长江水利委员会	监督局	（1）根据授权，督促检查流域内水利重大政策、决策部署和重点工作的贯彻落实情况，组织协调流域水利行业监管； （2）根据授权，组织开展流域内中央水利投资项目和委属工程建设项目稽察，组织实施流域内水利工程质量和安全监督； （3）负责全委安全生产工作及直管水利工程的安全监督，指导流域水库、水电站大坝安全监管，指导流域内水利安全生产工作； （4）负责该委行政审批决定事项的监督管理，参与有关重点业务领域的监督检查。
黄河水利委员会	安全监督局	（1）负责国家安全生产法律、法规及部门规章的宣传贯彻，负责拟订系统内安全生产以及水利建设项目稽察的规章制度并监督实施； （2）指导流域内水利安全生产工作，负责系统内安全生产工作，组织开展系统内安全生产大检查和专项督查； （3）组织开展系统内安全生产教育和预防工作，落实安全生产责任制； （4）组织开展直管水利工程建设安全生产和水利工程安全的监督管理和检查； （5）组织落实水利工程项目安全设施"三同时"制度，组织开展水利工程项目安全评价工作； （6）负责系统内生产安全事故统计、报告，承担黄委安全生产委员会办公室的日常工作； （7）组织开展系统内水利工程建设项目的稽察，以及整改落实情况的监督检查； （8）组织或参与系统内重大安全事故的调查处理； （9）完成该委交办的其他任务。
珠江水利委员会	安全监督处	（1）指导流域内水利安全生产工作，负责委内安全生产工作及该委直接管理的水利工程安全监督； （2）根据授权，组织、指导流域内水库、水电站大坝等水利工程的安全监管和检查； （3）负责委内生产安全事故统计、报告； （4）承担珠江委安全生产领导小组办公室的日常工作； （5）开展流域内中央投资的水利工程建设项目稽察； （6）归口管理应急管理工作；承担上级部门和该委领导交办的其他事项。

（续表）

流域管理机构	专职监督机构	职责内容
海河水利委员会	安全监督处	（1）负责流域水资源的管理和监督，统筹协调流域生活、生产和生态用水； （2）受部委托组织开展流域水资源调查评价工作，按规定开展流域水能资源调查评价工作； （3）负责职权范围内水政监察和水行政执法工作，查处水事违法行为；负责省际水事纠纷的调处工作； （4）指导流域内水利安全生产，负责流域管理机构内安全生产工作及其直接管理的水利工程质量与安全监督； （5）根据授权，组织、指导流域内水库、水电站大坝等水工程的安全监管，开展流域内中央投资的水利工程建设项目稽查。
淮河水利委员会	监督处	（1）负责流域水资源的管理和监督，统筹协调流域生活、生产和生态用水； （2）受部委托组织开展流域水资源调查评价工作，按规定开展流域水能资源调查评价工作； （3）负责职权范围内水政监察和水行政执法工作，查处水事违法行为；负责省际水事纠纷的协调处理工作； （4）指导流域内水利安全生产，负责流域管理机构内安全生产工作及其直接管理的水利工程质量与安全监督； （5）根据授权，组织、指导流域内水库、水电站大坝等水利工程的安全监管，开展流域内中央投资的水利工程建设项目稽查。
松辽水利委员会	监督处	（1）负责统筹协调全委水利督查工作，根据水利部督查任务要求，独立或会同牵头部门（单位）共同组织完成综合监督任务； （2）负责组织开展特定监督。
太湖流域管理局	安全监督处	（1）根据授权，对水利部水利重大政策、决策部署和重点工作中流域内贯彻落实情况的监督检查； （2）组织开展流域内水利工程建设与运行管理的监督检查； （3）组织指导其他相关业务领域的监督检查工作。

（资料来源：各流域管理机构新的"三定"方案。）

附表二　我国省级水行政主管部门专职监督机构职责

省(自治区、直辖市)	专职监督机构	职责内容
北京	安全监督管理处	（1）依法依规组织实施本市水务工程安全监管； （2）指导、监督水务行业安全生产工作； （3）负责机关及所属单位安全管理工作，组织具有行业特点的安全宣传教育和培训。
天津	安全监督处	（1）负责水利及城市供排水行业安全生产监督、项目稽查、应急、内保、反恐、维稳、消防安全等工作； （2）承办局领导交办的其他工作。
河北	监督处	（1）督促检查水利重大政策、决策部署和重点工作的贯彻落实情况； （2）组织指导水利工程质量和安全监督； （3）指导水利行业安全生产工作，指导水库、水电站大坝及农村水电站的安全监管。
山西	监督处	（1）督促检查水利重大政策、决策部署和重点工作的贯彻落实情况； （2）组织实施全省水利工程质量和安全监督； （3）指导水利行业安全生产工作，指导水库、水电站大坝及农村水电站的安全监管。
内蒙古	运行管理监督处	（1）督促检查水利重大政策、决策部署和重点工作的贯彻落实情况； （2）组织实施水利工程质量和安全监督； （3）组织实施水利稽察工作； （4）指导水利行业安全生产工作； （5）负责指导水库、水电站大坝、堤防、水闸等水利工程的运行和管理，协调指导水旱灾害防御工作。

（续表）

省(自治区、直辖市)	专职监督机构	职责内容
辽宁	监督处	（1）督促检查水利重大政策、决策部署和重点工作的贯彻落实； （2）组织开展节约用水、水资源管理、水利建设与管理等相关业务领域的督查； （3）组织开展中央和省级投资的重点水利建设项目稽察和整改落实情况的监督检查； （4）指导协调水利行业监督检查体系建设； （5）组织实施水利工程质量和安全监督； （6）承担水利行业安全生产监督管理工作，组织开展水利行业安全生产监督和专项检查，负责水利安全生产标准化评审工作； （7）参与水利水电施工总承包二级（含二级）以下资质企业主要负责人、项目负责人和专职安全生产管理人员的安全生产考核相关工作； （8）组织指导水利工程运行安全管理的监督检查，组织开展水利工程建设安全生产和水库、水电站大坝等水利工程安全的监督检查； （9）组织或参与重大水利工程质量、安全事故的调查处理； （10）承担省水利厅水利督查工作领导小组办公室工作； （11）承办厅领导交办的其他事项。
吉林	监督处	（1）督促检查水利重大政策、决策部署和重点工作的贯彻落实； （2）组织实施水利工程质量和安全监督； （3）依法负责水利行业安全生产工作，组织指导水库、水电站大坝、农村水电站的安全监管。
黑龙江	监督处	（1）督促检查水利重大政策、决策部署和重点工作的贯彻落实情况； （2）组织实施水利工程质量和安全监督； （3）指导全省水利行业安全生产工作，指导水库、水电站大坝及农村水电站的安全监管。
上海	安全监督处	（1）拟订水土保持规划并监督实施，组织实施水土流失的综合防治、监测预报并定期公告； （2）负责建设项目水土保持监督管理工作，负责重点水土保持建设项目的实施。
江苏	监督处	（1）督促检查水利重大政策、决策部署和重点工作的贯彻落实情况； （2）组织实施水利工程质量和安全监督； （3）承担水利行业安全生产监督管理工作； （4）组织或参与制定水利行业安全管理规程规范； （5）指导厅属水利工程管理单位、生产经营类单位和重点建设项目的安全监管； （6）组织重大水利安全生产事故的调查处理。

(续表)

省(自治区、直辖市)	专职监督机构	职责内容
浙江	监督处	(1)督促检查水利重大政策、决策部署和重点工作的贯彻落实情况； (2)组织实施水利工程质量和安全监督； (3)承担水利行业安全生产监督管理工作，指导水库、水电站大坝、农村水电站、江堤海塘等水利工程的安全生产管理工作； (4)组织实施水利工程项目稽察。
安徽	监督处	(1)督促检查水利重大政策、决策部署和重点工作贯彻落实情况； (2)组织实施水利工程质量和安全监督； (3)指导全省水利行业安全生产工作，指导水库、水电站大坝及农村水电站的安全监管。
福建	监督处	(1)督促检查水利重大政策和重点工作的贯彻落实情况； (2)组织实施水利工程质量和安全监督，指导水利行业安全生产工作，指导水库、水电站大坝及农村水电站、江海堤防、水闸等水利工程、水利设施的安全监管； (3)组织、参与重大水利安全事故的查处，承担内部审计工作。
江西	监督处	(1)督促检查水利重大政策、决策部署和重点工作的贯彻落实； (2)组织拟订全省水利行业安全生产和水利工程质量监督政策、法规并监督实施； (3)组织开展节约用水、水资源管理、水利建设与管理等相关业务领域的督查； (4)组织实施水利工程质量监督，指导水利行业安全生产工作，承担厅安全生产领导小组办公室的日常工作，组织或参与重大水利质量、安全事故的调查处理，组织指导水利工程安全生产三类人员考核管理； (5)组织指导中央和省级水利投资项目稽察； (6)组织指导水利工程运行安全管理的监督检查； (7)指导协调水利行业监督检查体系建设； (8)承办厅领导交办的其他事项。
山东	监督处	(1)督促检查水利重大政策、决策部署和重点工作的贯彻落实情况； (2)组织实施水利工程质量和安全监督； (3)指导全省水利行业安全生产工作，负责水利安全生产综合监督管理，组织指导水库大坝、农村水电站的安全监管； (4)组织实施水利工程项目与安全设施同步落实制度，开展水利工程项目安全标准化建设； (5)组织开展水利工程稽察工作； (6)组织或参与重大水利安全事故的调查处理。

(续表)

省(自治区、直辖市)	专职监督机构	职责内容
河南	监督处	（1）督促检查水利重大政策、决策部署和重点工作的贯彻落实情况，组织实施水利工程质量和安全监督，指导水库、水电站大坝及农村水电站的安全监管； （2）负责水利水电工程移民安置稽察、监督评估和移民后期扶持政策实施稽察管理工作； （3）指导水利行业安全生产工作，指导、监督水利行业从业人员的安全生产教育培训考核工作，负责水利行业安全生产统计分析，依法参加有关事故的调查处理，按照职责分工对事故发生单位落实防范和整改措施的情况进行监督检查。
湖北	监督处	（1）督促检查水利重大政策、决策部署和重点工作贯彻落实情况； （2）组织实施水利工程质量和安全监督； （3）指导水利行业安全生产工作，指导水库、水电站大坝及农村水电站的安全监管。
湖南	运行管理与监督处	（1）指导水利设施的管理、保护和综合利用，组织编制水库运行调度规程，指导水库、水电站大坝、堤防、水闸等水利工程的运行管理与划界； （2）督促检查水利重大政策、决策部署和重点工作的贯彻落实情况； （3）组织实施水利工程安全监督，指导水利行业安全生产工作，指导水库、水电站大坝等水利工程的安全监管。
广东	监督处	（1）督促检查水利重大政策、决策部署和重点工作的贯彻落实情况； （2）组织实施水利工程质量和安全监督； （3）负责水利行业领域安全生产工作，组织指导水库、堤防、水闸、水电站大坝、农村水电站等水利工程的安全监管。
广西	监督处	（1）督促检查水利重大政策、决策部署和重点工作的贯彻落实情况； （2）组织实施水利工程质量和安全监督； （3）指导水利行业安全生产工作，指导水库、农村水电站的安全监管； （4）组织指导中央和自治区水利投资项目稽察。

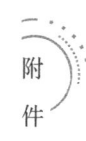

（续表）

省（自治区、直辖市）	专职监督机构	职责内容
海南	政策法规与监督处	（1）负责起草水务工作地方性法规、政府规章草案； （2）督促检查水务重大政策、决策部署和重点工作的贯彻落实情况； （3）承办行政应诉、行政赔偿相关工作； （4）组织指导全省水政监察和水行政执法，协调跨市县水事纠纷； （5）组织实施水务工程质量和安全监督； （6）指导水务行业安全生产工作，指导水库、水电站大坝、堤防、水闸等水利工程和城乡供排水与污水处理设施、农村水电站的安全监管； （7）负责内部审计工作。
重庆	监督处	（1）指导协调水利行业监督检查体系建设，督促检查水利重大政策、决策部署和重点工作的贯彻落实； （2）组织开展节约用水、水资源管理、水利建设与管理等相关业务领域的督查； （3）组织实施市级及以上水利投资项目的稽察和整改落实情况的监督检查； （4）指导水利行业安全生产工作，拟订全市水利安全生产发展规章制度及年度计划并监督实施； （5）组织指导水库、水电站大坝及农村水电站的安全监管； （6）组织指导水利工程运行安全管理的监督检查； （7）组织实施水利工程质量监督，组织或参与重大水利工程质量、安全事故的调查处理； （8）承办局领导交办的其他事项。
四川	审计与安全监督处	（1）负责机关及厅直属单位的财务、国有资产、行政事业性收费和党政领导干部经济责任的审计监督； （2）承担水利行业安全生产工作，指导水库、水电站大坝的安全监管，组织实施水利工程质量和安全监管； （3）指导重大水利安全事故的调查处理。
贵州	监督处	（1）督促检查水利政策、决策部署和重点工作的贯彻落实情况； （2）组织实施水利工程质量和安全监督； （3）负责部门、行业的安全生产和消防安全工作； （4）指导水利行业管理的水库、水电站大坝和管理权限内农村水电站及其配套电网的安全监管。

117

(续表)

省(自治区、直辖市)	专职监督机构	职责内容
云南	监督处	(1)贯彻执行国家水利安全生产以及水利建设项目稽察的法律、法规、规章、政策和技术标准，制定地方水利安全生产的规范性文件并监督实施，督促检查水利重大政策、决策部署和重点工作的贯彻落实； (2)组织开展节约用水、水资源管理、水利建设与管理等相关业务领域的督查； (3)组织实施水利工程质量监督，指导水利行业安全生产工作，承担省水利厅安全生产领导小组办公室的日常工作，组织或参与重大水利质量、安全事故的调查处理，组织或参与调查水利建设项目违规违纪事件，并按照规定提出处理意见； (4)指导全省水利行业稽察工作，组织协调中央和省投资的水利工程建设项目的稽察，并对整改落实情况进行监督检查； (5)组织开展水利行业安全生产大检查和专项督查，组织开展水利工程建设安全生产和全省水库、水行政主管部门所管辖水电站大坝等水利工程安全的监督管理和检查； (6)组织指导水利工程运行安全管理的监督检查； (7)指导协调水利行业监督检查体系建设； (8)承办厅领导交办的其他事项。
西藏	监督处	(1)指导监督水利工程建设与运行管理； (2)组织实施具有控制性的或跨县（区）跨流域的重要水利工程建设与运行管理； (3)负责提出全市水利固定资产投资规模、方向、具体安排，建议并组织指导实施，按规定权限审批、核准全市规划内和年度计划规模内固定资产投资项目，提出全市水利资金安排建议并负责项目实施的监督管理，指导水利国有资产监督和管理工作。
陕西	建设监督处	(1)负责全省水利工程建设的行业管理； (2)指导水利工程蓄水安全鉴定和验收，指导江河干堤、重要病险水库、重要水闸的除险加固； (3)指导水利建设市场的监督管理和水利建设市场信用体系建设； (4)指导实施水利工程质量和安全监督； (5)指导水利行业安全生产工作； (6)指导省内水利工程建设项目招标投标活动； (7)承担渭河生态区管理委员会日常工作。

（续表）

省(自治区、直辖市)	专职监督机构	职责内容
甘肃	监督处	（1）督促检查全省水利重大政策、决策部署和重点工作的贯彻落实； （2）组织开展全省节约用水、水资源管理、水利建设与管理等相关业务领域的督查； （3）组织实施全省水利工程质量和安全监督，指导全省水利行业安全生产工作，组织或参与全省重大水利工程质量、安全事故的调查处理； （4）协调配合中央水利投资项目稽察，组织指导全省重点水利投资项目稽察工作； （5）组织指导全省水库、大坝及农村水电站的安全监管； （6）组织指导水利工程安全生产监督检查，指导全省水利安全生产标准化建设； （7）负责厅安全生产委员会办公室日常工作； （8）承担厅领导交办的其他事项。
青海	监督处	（1）督促检查水利重大政策、决策部署和重点工作的贯彻落实； （2）组织开展节约用水、水资源管理、水利建设与管理等相关业务领域的督查； （3）参与水利工程质量监督管理工作，指导水利行业安全生产工作，组织对质量和安全事故的调查处理； （4）配合中央水利投资项目稽察，组织开展全省重点水利项目的稽察，牵头负责整改落实和监督检查； （5）指导省管水库、水电站大坝的安全监管； （6）指导水政监察和水行政执法，协调跨市、州水事纠纷，组织查处重大涉水违法事件； （7）组织指导水利工程运行安全管理的监督检查； （8）指导协调水利行业监督检查体系建设； （9）负责水利反恐怖工作； （10）承办厅领导交办的其他事项。
宁夏	安全生产与监督处	（1）负责督促检查水利重大政策、决策部署和重点工作的贯彻落实，统筹协调水利监督检查事项，指导协调水利行业监督检查体系建设； （2）指导水利行业安全生产工作，负责全区水利行业安全生产监督管理工作，组织拟订全区水利行业安全生产政策、法规并监督实施，组织开展水利行业安全生产大检查和专项督查； （3）组织或参与重大水利质量、安全事故的调查处理，指导全区水利安全生产标准化建设，组织指导中央及自治区水利投资项目稽察； （4）承担自治区水利厅督查工作领导小组办公室、安全生产委员会办公室的日常工作； （5）完成厅领导交办的其他任务。

(续表)

省（自治区、直辖市）	专职监督机构	职责内容
新疆	监督处	（1）组织依法行政有关问题调查研究，拟订相关政策措施并指导实施； （2）承担有关规范性文件的起草、合法性审核和清理工作； （3）承担行政复议、行政应诉相关工作； （4）组织指导水政监察和水行政执法，协调跨师市、兵地、中央驻疆单位水事纠纷，组织查处重大涉水违法事件，组织兵团水资源费、水土保持补偿费的征收及监督使用； （5）督促检查水利重大政策、决策部署和重点工作的贯彻落实情况； （6）组织协调和推进落实水利行业重要事项的督办工作； （7）组织实施水利工程质量和安全监督； （8）指导水利行业安全生产工作，指导水库、水电站大坝及农村水电站的安全监管。

（资料来源：各省级水行政主管部门网站。）

附表三　新时代水利监督管理体制与当前水利监督管理体制主要内容比较

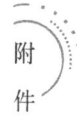

层级	机构	框架完善前机构职责	框架完善后机构职责强化、细化内容
水利部层级	水利部水利督查工作领导小组	（1）决策水利监督工作，规划水利监督重点任务； （2）审定水利监督规章制度； （3）领导水利督查队伍建设； （4）审定水利监督计划； （5）审议监督检查发现的重大问题； （6）研究重大问题的责任追究； （7）其他监督职责。	强化：（1）贯彻落实党中央、国务院关于行政监督和水利改革发展要求，统一部署全国水利监督检查，统筹协调各相关部门开展监督检查工作，明确监督内容、检查方式。 （2）依据检查结果及整改措施，部署全国水利监督检查"回头看"工作。 完善细化：（1）负责审定各项水利监督规章制度，领导构建水利监督制度体系；统筹协调监督司（督查办）与其他司局年度水利监督检查计划。 （2）明确水利监督队伍相关要求；协调有关部门出台政策，推动水利监督队伍能力建设，强化队伍的专业化、技术化，保障队伍的人员编制、技术装备、车辆设备以及配套补贴；推动解决监督队伍存在的突出共性困难。 （3）分析流域、地方在监督检查过程中普遍存在的问题及其原因，协调有关部门出台引导政策、指导工作、提出改进措施、推动问题解决。
	水利部监督司（水利部水利督查工作领导小组办公室）	（1）统筹协调、归口管理水利部各监督机构的监督检查任务； （2）组织制定水利监督检查制度； （3）指导水利督查队伍建设和管理； （4）组织制定水利监督检查计划； （5）履行江河湖泊管理、水资源管理、水旱灾害防御、水利工程建设管理等相关事项的监督检查； （6）组织安排特定飞检； （7）对监督检查发现问题提出整改及责任追究建议； （8）受理监督检查异议问题申诉； （9）完成水利部领导小组交办的其他工作； （10）组织协调水利督查队伍开展督查业务。	强化：（1）拟定监督相关规章制度、政策文件及计划。 （2）归口管理水利部监督检查工作。 （3）归口联系流域管理机构及地方水行政主管部门的专职监督机构。 完善细化：（1）组织开展综合监督工作。负责领导小组交办的跨业务领域的重大事项、重大问题、重大任务的监督检查，向领导小组提出所发现问题的整改及责任追究建议。按照其他司局提出的需求和标准，牵头组织开展业务领域的综合监督检查工作，并将监督检查结果提交相关司局，提出整改意见及责任追究建议。 （2）指导水利督查队伍建设和管理。统一组织管理水利部本级监督队伍，按照水利监督任务和工作计划需要，明确各类监督队伍的人员构成、参与单位及支撑单位，负责部本级督查队伍的培训。

（续表）

层级	机构	框架完善前机构职责	框架完善后机构职责强化、细化内容
水利部层级	水利部其他司局	（1）督促检查水利重大政策、决策部署和重点工作的贯彻落实； （2）组织开展节约用水、水资源管理、水利建设与管理等相关业务领域的督查； （3）组织实施水利工程质量监督，指导水利行业安全生产工作，组织或参与重大水利质量、安全事故的调查处理； （4）组织指导中央水利投资项目稽察； （5）指导水库、水电站大坝安全监管； （6）组织指导水利工程运行安全管理的监督检查； （7）指导协调水利行业监督检查体系建设； （8）承办部领导交办的其他事项。	完善细化：（1）负责对业务领域工作的开展情况进行日常监督，对所发现问题予以分析并督促整改，总结监督整改的优秀做法并完善业务管理规章制度，提升行业管理水平。集中加强对江河湖泊、水资源、水利工程、水土保持、水利资金、水行政事务六大重点领域相关问题的监督。 （2）向监督司（督查办）提出所负责业务领域内的水利监督需求及标准，并参与监督司（督查办）组织的各项综合监督检查工作；对所发现问题予以分析并督促整改，总结监督整改优秀做法并完善业务管理规章制度，提升行业管理水平。
流域管理机构层级	流域管理机构水利督查工作领导小组	（1）负责指定流域片区内综合性监督检查工作； （2）配合水利部督查办开展片区内的监督检查工作； （3）受委托核查发现问题的地方水行政主管部门、其他行使水行政管理职责的机构及其所属企事业单位对问题的整改，以及其上级主管部门对问题整改的督促情况。	强化：（1）根据水利部授权及部级相关制度与计划，制定流域水利监督规制制度及方案计划。 （2）领导流域监督检查队伍建设，明确流域水利监督队伍组建要求，协调有关部门出台政策以推动流域水利监督队伍能力建设，强化水利监督队伍的专业化、技术化，保障水利监督队伍的人员编制、技术装备、车辆设备以及配套补贴，推动解决监督队伍存在的突出共性困难。 （3）及时向水利部领导小组上报监督中存在的困难及工作需求。
	流域管理机构监督处（局）	（1）督促检查本流域水利重大政策、决策部署和重点工作的贯彻落实； （2）组织拟定流域水利行业安全生产和水利工程质量监督政策法规并监督实施； （3）组织开展流域节约用水、水资源管理、水利建设与管理等相关业务领域的督查； （4）指导本流域内水利工程建设安全生产的监督管理，负责流域水利行业安全生产监督管理工作； （5）组织水利投资项目稽察； （6）指导协调水利工程质量监督检查体系建设； （7）承办流域管理机构领导交办的其他事项。	完善细化：（1）根据流域特点和业务处室提出的监督需求，牵头组织相关业务处室、支撑单位，开展监督检查工作，将监督检查结果及发现的问题及时提交相关业务处（局），并跟踪督促整改情况，推动流域层级的综合监督和专业监督相结合。 （2）落实监督司（督查办）下达的各项工作任务要求，统筹协调流域和地方的各项水利监督检查工作，与地方沟通水利监督检查的情况，对于地方所反映各领域普遍存在的问题，会同相关业务处（局）分析原因并及时汇报流域机构水利督查工作领导小组。

（续表）

层级	机构	框架完善前机构职责	框架完善后机构职责强化、细化内容
流域管理机构层级	流域管理机构其他处（局）	负责全国各自业务领域重点工作的监督检查，提出相应的监督检查工作要求，并对发现问题进行整改落实。	完善细化：集中加强对流域江河湖泊、水资源、水利工程、水土保持、水利资金以及水利行政事务重点领域的专业监督。
各省（自治区、直辖市）水行政主管部门层级	省级水利督查工作领导小组	（1）审核地方水利督查工作规章制度； （2）围绕地方年度水利监督工作要点，统筹地方各类监督检查需求，提出年度督查计划； （3）领导部署地方年度水利督查重点工作，推动督促重点问题整改； （4）协调解决水利督查有关重要问题，并提出责任追究意见等。	强化：（1）组织协调辖区内各级水行政主管部门及相关单位的监督工作，配合水利部及流域管理机构开展监督检查工作，并积极落实各项整改任务。 （2）向水利部积极反映实际监督工作开展中的困难或问题，提出相关水利政策需求。 完善细化：（1）结合地方水利工作的特点及需求，制定符合本省实际情况的水利监督制度。 （2）提出地方年度督查计划；部署全省年度水利监督检查重点任务，统筹协调各相关部门开展监督检查工作，明确监督内容、检查方式，积极配合水利部及流域管理机构开展监督检查工作，部署地方水利监督检查"回头看"工作。 （3）对监督检查中发现相关问题的责任单位及具体负责人进行责任追究，对情节严重的情况移交地方纪检监察部门；认真分析问题原因并制订整改计划，安排相关部门落实整改工作，牵头联合各个部门对涉水相关问题进行整改，不断提高辖区内的水利行业管理水平。 （4）对地方水利监督队伍的组建成立、人员构成、岗位职责、人员考核等方面提出明确要求；协调有关部门出台相关政策，推动水利监督队伍能力建设，强化水利监督队伍的专业化、技术化，保障水利监督队伍的人员编制、技术装备、专业设备以及配套补贴。

（续表）

层级	机构	框架完善前机构职责	框架完善后机构职责强化、细化内容
各省（自治区、直辖市）水行政主管部门层级	省级水行政主管部门监督处（或其他专职监督机构）	（1）监督检查地方水利重大政策、决策部署和重要工作的贯彻落实情况； （2）组织开展节约用水、水资源管理、水利建设与管理等相关业务领域的督查； （3）组织实施地方水利工程质量监督工作； （4）组织实施水利工程项目稽察工作； （5）承担地方水利行业安全生产监督管理工作； （6）组织或参与制定地方水利行业安全管理规程规范； （7）指导厅属水利工程管理单位、生产经营类单位和重点建设项目的安全监管； （8）组织地方重大水利安全生产事故的调查处理等。	完善细化：（1）拟定相关监督制度、拟定年度水利监督检查方案、计划并上报地方水利领导小组审核。 （2）牵头组织开展辖区综合水利监督检查，配合相关处室开展专业监督检查，并针对整改情况开展"回头看"工作。 （3）配合水利部及流域机构开展各专项监督检查。 （4）根据水利部下达的责任追究意见及问题整改要求，按照相关制度法规对相关问题的责任单位及具体负责人进行责任追究。 （5）分析监督检查发现问题产生原因并制订整改计划，安排相关部门落实整改工作，提高地方水利部门对辖区内水利行业管理水平。 （6）负责指导协调辖区内市县水利行业监督工作，组织办理领导批办、突发应急事件等监督相关事项，承办地方水行政主管部门交办的其他事项。 （7）组织开展地方监督队伍培训，提高监督人员的专业素养和技术水平。
	省级水行政主管部门相关处室	业务处室按照各自职责提出本业务范围内的监督检查工作要求，组织指导开展重点领域监督工作，积极牵头组织业务领域监管。	完善细化：参与监督处（或其他专职监督机构）组织的监督检查工作，根据专业领域工作开展实际情况，向监督处（或其他专职监督机构）提出监督需求及标准，提供人员支持和技术支撑。 强化：推动综合监督与专业监督相结合，对各项监督检查结果中显示的问题予以分析并积极推动落实整改，总结推广监督整改的优秀做法并完善业务管理规章制度，提升辖区内该业务领域的管理水平。

附件四　相关政策文件

水利部职能配置、内设机构和人员编制规定

第一条　根据党的十九届三中全会审议通过的《中共中央关于深化党和国家机构改革的决定》、《深化党和国家机构改革方案》和第十三届全国人民代表大会第一次会议批准的《国务院机构改革方案》，制定本规定。

第二条　水利部是国务院组成部门，为正部级。

第三条　水利部贯彻落实党中央关于水利工作的方针政策和决策部署，在履行职责过程中坚持和加强党对水利工作的集中统一领导。主要职责是：

（一）负责保障水资源的合理开发利用。拟订水利战略规划和政策，起草有关法律法规草案，制定部门规章，组织编制全国水资源战略规划、国家确定的重要江河湖泊流域综合规划、防洪规划等重大水利规划。

（二）负责生活、生产经营和生态环境用水的统筹和保障。组织实施最严格水资源管理制度，实施水资源的统一监督管理，拟订全国和跨区域水中长期供求规划、水量分配方案并监督实施。负责重要流域、区域以及重大调水工程的水资源调度。组织实施取水许可、水资源论证和防洪论证制度，指导开展水资源有偿使用工作。指导水利行业供水和乡镇供水工作。

（三）按规定制定水利工程建设有关制度并组织实施，负责提出中央水利固定资产投资规模、方向、具体安排建议并组织指导实施，按国务院规定权限审批、核准国家规划内和年度计划规模内固定资产投资项目，提出中央水利资金安排建议并负责项目实施的监督管理。

（四）指导水资源保护工作。组织编制并实施水资源保护规划。指导饮用水水源保护有关工作，指导地下水开发利用和地下水资源管理保护。组织指导地下水超采区综合治理。

（五）负责节约用水工作。拟订节约用水政策，组织编制节约用水规划并监督实施，组织制定有关标准。组织实施用水总量控制等管理制度，指导和推动节水型社会建设工作。

（六）指导水文工作。负责水文水资源监测、国家水文站网建设和管理。对江河湖库和地下水实施监测，发布水文水资源信息、情报预报和国家水资

源公报。按规定组织开展水资源、水能资源调查评价和水资源承载能力监测预警工作。

（七）指导水利设施、水域及其岸线的管理、保护与综合利用。组织指导水利基础设施网络建设。指导重要江河湖泊及河口的治理、开发和保护。指导河湖水生态保护与修复、河湖生态流量水量管理以及河湖水系连通工作。

（八）指导监督水利工程建设与运行管理。组织实施具有控制性的和跨区域跨流域的重要水利工程建设与运行管理。组织提出并协调落实三峡工程运行、南水北调工程运行和后续工程建设的有关政策措施，指导监督工程安全运行，组织工程验收有关工作，督促指导地方配套工程建设。

（九）负责水土保持工作。拟订水土保持规划并监督实施，组织实施水土流失的综合防治、监测预报并定期公告。负责建设项目水土保持监督管理工作，指导国家重点水土保持建设项目的实施。

（十）指导农村水利工作。组织开展大中型灌排工程建设与改造。指导农村饮水安全工程建设管理工作，指导节水灌溉有关工作。协调牧区水利工作。指导农村水利改革创新和社会化服务体系建设。指导农村水能资源开发、小水电改造和水电农村电气化工作。

（十一）指导水利工程移民管理工作。拟订水利工程移民有关政策并监督实施，组织实施水利工程移民安置验收、监督评估等制度。指导监督水库移民后期扶持政策的实施，协调监督三峡工程、南水北调工程移民后期扶持工作，协调推动对口支援等工作。

（十二）负责重大涉水违法事件的查处，协调和仲裁跨省、自治区、直辖市水事纠纷，指导水政监察和水行政执法。依法负责水利行业安全生产工作，组织指导水库、水电站大坝、农村水电站的安全监管。指导水利建设市场的监督管理，组织实施水利工程建设的监督。

（十三）开展水利科技和外事工作。组织开展水利行业质量监督工作，拟订水利行业的技术标准、规程规范并监督实施。办理国际河流有关涉外事务。

（十四）负责落实综合防灾减灾规划相关要求，组织编制洪水干旱灾害防治规划和防护标准并指导实施。承担水情旱情监测预警工作。组织编制重要江河湖泊和重要水工程的防御洪水抗御旱灾调度及应急水量调度方案，按程序报批并组织实施。承担防御洪水应急抢险的技术支撑工作。承担台风防御期间重要水工程调度工作。

（十五）完成党中央、国务院交办的其他任务。

（十六）职能转变。水利部应切实加强水资源合理利用、优化配置和节约保护。坚持节水优先，从增加供给转向更加重视需求管理，严格控制用水总量和提高用水效率。坚持保护优先，加强水资源、水域和水利工程的管理保护，维护河湖健康美丽。坚持统筹兼顾，保障合理用水需求和水资源的可持续利用，为经济社会发展提供水安全保障。

第四条 水利部设下列内设机构：

（一）办公厅。负责机关日常运转工作，承担信息、安全、保密、信访、政务公开、信息化、新闻宣传等工作。

（二）规划计划司。拟订水利战略规划，组织编制重大水利综合规划、专业规划和专项规划，审核重大水利建设项目建议书、可行性研究报告和初步设计。组织指导有关防洪论证工作。指导水工程建设项目合规性审查工作。组织实施中央水利建设投资计划，承担水利统计工作。

（三）政策法规司。起草水利法律法规草案和部门规章，研究拟订水利工作的政策并监督实施。指导水利行政许可工作并监督检查。承办部行政应诉、行政复议和行政赔偿工作。组织指导水政监察和水行政执法，协调跨省、自治区、直辖市水事纠纷，组织查处重大涉水违法事件。

（四）财务司。编制部门预算并组织实施，承担财务管理和资产管理工作。组织提出中央水利财政资金安排建议，并统筹协调项目实施的监督管理和绩效评价。提出有关水利价格、税费、基金、信贷的建议。

（五）人事司。承担机关和直属单位的干部人事、机构编制、劳动工资工作，指导水利行业人才队伍建设。承担水利体制改革的有关工作。

（六）水资源管理司。承担实施最严格水资源管理制度相关工作，组织实施水资源取水许可、水资源论证等制度，指导开展水资源有偿使用工作。指导水量分配工作并监督实施，指导河湖生态流量水量管理。组织编制水资源保护规划，指导饮用水水源保护有关工作。组织开展水资源调查、评价有关工作，组织编制并发布国家水资源公报。参与编制水功能区划和指导入河排污口设置管理工作。

（七）全国节约用水办公室。拟订节约用水政策，组织编制并协调实施节约用水规划，组织指导计划用水、节约用水工作。组织实施用水总量控制、用水效率控制、计划用水和定额管理制度。指导和推动节水型社会建设工作。

指导城市污水处理回用等非常规水源开发利用工作。

（八）水利工程建设司。指导水利工程建设管理，制定有关制度并组织实施。组织指导水利工程蓄水安全鉴定和验收，指导大江大河干堤、重要病险水库、重要水闸的除险加固。指导水利建设市场的监督管理和水利建设市场信用体系建设。

（九）运行管理司。指导水利设施的管理、保护和综合利用，组织编制水库运行调度规程，指导水库、水电站大坝、堤防、水闸等水利工程的运行管理与划界。

（十）河湖管理司。指导水域及其岸线的管理和保护，指导重要江河湖泊、河口的开发、治理和保护，指导河湖水生态保护与修复以及河湖水系连通工作。监督管理河道采砂工作，指导河道采砂规划和计划的编制，组织实施河道管理范围内工程建设方案审查制度。

（十一）水土保持司。承担水土流失综合防治工作，组织编制水土保持规划并监督实施，组织水土流失监测、预报并公告，审核大中型开发建设项目水土保持方案并监督实施。

（十二）农村水利水电司。组织开展大中型灌排工程建设与改造，指导农村饮水安全工程建设管理工作，指导节水灌溉有关工作。组织拟订农村水能资源开发规划，指导水电农村电气化、农村水电增效扩容改造以及小水电代燃料等农村水能资源开发工作。指导农村水利社会化服务体系建设。承担协调牧区水利工作。

（十三）水库移民司。承担水利工程移民管理和后期扶持工作，组织实施水利工程移民安置验收、监督评估等制度，审核大中型水利工程移民安置规划，组织开展新增水库移民后期扶持人口核定，协调推动对口支援工作。

（十四）监督司。督促检查水利重大政策、决策部署和重点工作的贯彻落实情况。组织实施水利工程质量和安全监督。指导水利行业安全生产工作，指导水库、水电站大坝及农村水电站的安全监管。

（十五）水旱灾害防御司。组织编制洪水干旱防治规划和防护标准、重要江河湖泊和重要水工程的防御洪水抗御旱灾调度以及应急水量调度方案并组织实施。承担水情旱情预警工作。组织协调指导蓄滞洪区安全建设、管理和运用补偿工作，承担洪泛区、蓄滞洪区和防洪保护区的洪水影响评价工作。

（十六）水文司。组织指导全国水文工作，负责水文水资源(含水位、流量、水质等要素）监测工作，负责国家水文站网建设和管理。组织实施江河湖库和地下水监测。发布水文水资源信息、情报预报。

（十七）三峡工程管理司。组织提出三峡工程运行的有关政策建议，组织指导三峡工程运行调度规程规范编制并监督实施。指导监督三峡工程运行安全。组织三峡工程验收有关工作。承担三峡后续工作规划的组织实施、综合协调和监督管理。

（十八）南水北调工程管理司。协调落实南水北调工程有关重大政策和措施。组织南水北调工程竣工财务决算、审计和工程验收有关工作。制定南水北调年度供水计划并组织调度实施。指导监督工程运行管理工作。组织开展南水北调后续工程前期和建设管理工作。督促指导地方配套工程建设。

（十九）调水管理司。承担跨区域跨流域水资源供需形势分析，指导水资源调度工作并监督实施，组织指导大型调水工程前期工作，指导监督跨区域跨流域调水工程的调度管理等工作。

（二十）国际合作与科技司。承办国际河流有关涉外事务，承办国际合作和外事工作，拟订水利行业技术标准、规程规范并监督实施，组织重大水利科学研究、技术引进和科技推广。

机关党委。负责机关和在京直属单位的党群工作。

离退休干部局。负责离退休干部工作。

第五条　水利部机关行政编制502名（含两委人员编制10名、援派机动编制6名、离退休干部工作人员编制31名）。设部长1名，副部长4名，司局级领导职数88名（含总工程师1名、总规划师1名、总经济师1名、督察专员4名、机关党委专职副书记1名、离退休干部局领导职数3名）。

第六条　长江水利委员会、黄河水利委员会、淮河水利委员会、海河水利委员会、珠江水利委员会、松辽水利委员会、太湖流域管理局为水利部派出的流域管理机构，在所管辖的范围内依法行使水行政管理职责。具体机构设置、职责和编制事项另行规定。

第七条　水利部所属事业单位的设置、职责和编制事项另行规定。

第八条　本规定由中央机构编制委员会办公室负责解释，其调整由中央机构编制委员会办公室按规定程序办理。

第九条　本规定自2018年7月30日起施行。

水利监督规定（试行）和水利督查队伍管理办法（试行）

水利部关于印发水利监督规定（试行）和水利督查队伍管理办法（试行）的通知

水监督〔2019〕217号

部机关各司局，部直属各单位，各省、自治区、直辖市水利（水务）厅（局），各计划单列市水利（水务）局，新疆生产建设兵团水利局：

为加强水利监督管理和水利督查队伍管理，我部组织编制了《水利监督规定（试行）》和《水利督查队伍管理办法（试行）》，已经部长办公会议审议通过，现印发你单位，请遵照执行。

水 利 部
2019年7月19日

水利监督规定（试行）

第一章 总 则

第一条 为强化水利行业监管，履行水利监督职责，规范水利监督行为，依据《中华人民共和国水法》等有关法律法规和《水利部职能配置、内设机构和人员编制规定》等有关文件规定，制定本规定。

第二条 本规定所称水利监督，是指水利部、各级水行政主管部门依照法定职责和程序，对本级及下级水行政主管部门、其他行使水行政管理职责的机构及其所属企事业单位履行职责、贯彻落实水利相关法律法规、规章、规范性文件和强制性标准等的监督。

前款所称"本级"包括内设机构和所属单位。

第三条 水利监督坚持依法依规、客观公正、问题导向、分级负责、统筹协调的原则。

第四条 水利部统筹协调、组织指导全国水利监督工作。

流域管理机构依据职责和授权，负责指定管辖范围内的水利监督工作。

地方各级水行政主管部门按照管理权限，负责本行政区域内的水利监督工作。

第二章 范围和事项

第五条 水利监督包括：水旱灾害防御，水资源管理，河湖管理，水土保持，水利工程建设与安全运行，水利资金使用，水利政务以及水利重大政策、决策部署的贯彻落实等。

第六条　水利监督事项主要包括：

（一）江河湖泊综合规划、防洪规划；

（二）水资源开发、利用和保护；

（三）取水许可、用水效率管理；

（四）河流、湖泊水域岸线保护和管理，河道采砂管理；

（五）水土保持和水生态修复；

（六）跨流域调水、用水规划、水量分配；

（七）灌区、农村供水和农村水能资源开发；

（八）水旱灾害防御；

（九）水利建设市场、水利工程建设与安全运行、安全生产；

（十）水利资金使用和投资计划执行；

（十一）水利网络安全及信息化建设和应用；

（十二）地表水、地下水等水利基础设施监测、运行和管理；

（十三）水利工程移民及水库移民后扶持政策落实；

（十四）水政监察和水行政执法；

（十五）水利扶贫；

（十六）其他水利监督事项。

第三章　机构及职责

第七条　水利部成立水利督查工作领导小组，统筹协调全国水利监督检查，组织领导水利部监督机构。水利督查工作领导小组下设办公室（简称"水利部督查办"），指导水利部督查队伍建设和管理，承担水利督查工作领导小组交办的日常工作。

各流域管理机构成立相应的水利督查工作领导小组，下设办公室（简称"流域管理机构督查办"），组建流域管理机构督查队伍并承担相应职责。

本规定所称"水利部监督机构"是指水利部督查办，水利部具有相关职责的机关司局、事业单位、流域管理机构督查办、水行政执法等相关单位。

第八条　水利部水利督查工作领导小组职责：

（一）决策水利监督工作，规划水利监督重点任务；

（二）审定水利监督规章制度；

（三）领导水利督查队伍建设；

（四）审定水利监督计划；

（五）审议监督检查发现的重大问题；

（六）研究重大问题的责任追究；

（七）其他监督职责。

第九条　水利部督查办承担水利督查工作领导小组日常工作，具体职责：

（一）统筹协调、归口管理水利部各监督机构的监督检查任务；

（二）组织制定水利监督检查制度；

（三）指导水利督查队伍建设和管理；

（四）组织制定水利监督检查计划；

（五）履行第六条相关事项的监督检查；

（六）组织安排特定飞检；

（七）对监督检查发现问题提出整改及责任追究建议；

（八）受理监督检查异议问题申诉；

（九）完成领导小组交办的其他工作。

第十条　水利部机关各司局按照各自职责提出本业务范围内的监督检查工作要求，组织指导相关事业单位开展重点工作、系统性问题的监督检查，组织指导问题整改，对加强行业管理提出政策性建议。

第十一条　水利部所属相关事业单位，受机关司局委托承担监督检查工作，具体职责为：

（一）开展专项监督检查工作；

（二）核查专项问题、系统性问题的整改情况；

（三）汇总分析专项检查成果，对重点工作、系统性问题提出整改意见建议；

（四）配合水利部督查办开展监督检查工作。

第十二条　流域管理机构督查办履行以下职责：

（一）负责指定流域片区内综合性监督检查工作；

（二）配合水利部督查办开展片区内的监督检查工作；

（三）受委托核查发现问题的地方水行政主管部门、其他行使水行政管理职责的机构及其所属企事业单位对问题的整改，以及其上级主管部门对问题整改的督促情况。

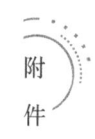

第十三条　水利监督与水政监察、水行政执法相互协调、分工合作。水利督查队伍检查发现有关单位、个人等涉水活动主体违反水法律法规的，可根据具体情节联合开展调查取证工作，或移送水政监察队伍及其他执法机构查处。

第四章　程序及方式

第十四条　水利监督通过"查、认、改、罚"等环节开展工作，主要工作流程如下：

（一）按照年度计划制定监督检查工作方案；

（二）组织开展监督检查；

（三）对检查发现的问题提出整改及责任追究意见建议；

（四）下发整改通知，督促问题整改及整改核查；

（五）实施责任追究。

上述检查发现违法违纪问题线索移交有关执纪执法机关。

第十五条　水利监督检查通过飞检、检查、稽察、调查、考核评价等方式开展工作。

飞检，是水利监督检查主要方式。主要以"四不两直"方式开展工作。"四不两直"是指：检查前不发通知、不向被检查单位告知行动路线、不要求被检查单位陪同、不要求被检查单位汇报；直赴项目现场、直接接触一线工作人员。

检查、稽察，是针对某个单项或专题开展的监督检查，一般在检查前发通知，通知中明确检查时间、内容、参加人员，以及需要配合的工作要求等。

调查，是针对举报、某项专题或带有普遍性问题开展的专项活动，一般可结合飞检、检查、稽察、卫星遥感等方式方法或技术手段开展工作。调查要尽量减少对被调查单位正常工作的影响，但可要求被调查单位提供相关资料。

考核评价，是针对某个专项或综合性工作开展的年度或阶段性的考核工作，一般通过日常考核和终期考核相结合实施。日常考核可通过飞检、检查、稽察等方式进行，将检查结果作为终期考核依据；终期考核要汇总全过程、各方面成果进行考核。

第十六条　水利监督可采用调研方式辅助开展监督检查工作。

调研，是针对某项专题或系统性问题组织开展的专门活动，一般通过飞检、检查、稽察、调查发现问题，归纳提炼，确定题目，制定调研提纲及工作方案，组织开展调研。调研要对问题提出有针对性地解决方案。调研不对被调研单位提出批评或责任追究意见。

第十七条 水利监督检查依据相关工作程序、规定、办法等认定问题，并向被检查单位反馈意见。被检查单位对认定结果有异议的，可提交说明材料，向督查人员所属监督机构申诉，也可向上一级监督机构申诉。水利部监督机构应对被检查单位申诉意见进行复核并提出复核意见。必要时，可聘请第三方技术服务机构协助复核。

水利部督查办是申诉意见的最终裁定单位。

第十八条 被检查单位是监督检查发现问题的责任主体，该单位的上级水行政主管单位或行业主管部门是督促问题整改的责任单位。

第十九条 各级监督检查单位按照各自职责，依据相关规定，向被检查单位或其上级主管部门反馈意见、发整改意见通知、实施责任追究。

各被检查单位接到意见反馈、整改通知后，要制定整改措施，明确整改责任单位和责任人，组织问题整改，并将整改情况在规定期限反馈检查单位。被检查单位应同时将上述情况向上级主管部门报告。

第五章 权限和责任

第二十条 水利监督检查人员，在工作现场应佩戴水利督查工作卡，可采取以下措施：

（一）进入与检查项目有关的场地、实验室、办公室等场所；

（二）调取、查看、记录或拷贝与检查项目有关的档案、工作记录、会议记录或纪要、会计账簿、数码影像记录等；

（三）查验与检查项目有关的单位资质、个人资格等证件或证明；

（四）留存涉嫌造假的记录、企业资质、个人资格、验收报告等资料；

（五）留存涉嫌重大问题线索的相关记录、账簿、凭证、档案等资料；

（六）责令停止使用已经查明的劣质产品；

（七）协调有关机构或部门参与调查、控制可能发生严重问题的现场；

（八）按照行政职责可采取的其他措施。

第二十一条 监督检查应实行回避制度，工作人员遇有下列情况应主动向组织报告，申请回避：

（一）曾在被检查单位工作；

（二）曾与被检查项目相关负责人是同学、战友关系；

（三）与被检查项目相关负责人有亲属关系；

（四）其他应该回避的事项。

上述申请经组织程序批准后生效。

第二十二条　被监督检查单位要遵守国家法律法规，有义务接受水利部监督机构的监督检查，有责任提供与检查内容有关的文件、记录、账簿等相关资料，有维护本地区、本部门、本项目正当合法权益的权利，有对检查发现问题进行合理申辩的权利，有将与事实不符的问题向其他监督机构或纪检监察部门反映的权利，有因不服行政处罚决定申请行政复议或者提起行政诉讼的权利。

第二十三条　水利部监督检查工作接受社会监督，凡有检查问题定性不符合规定、督查人员违反工作纪律、检查工作有悖公允原则等情况，可向上级水利监督机构或有关纪检监察部门举报。

第六章　责任追究

第二十四条　责任追究包括单位责任追究、个人责任追究和行政管理责任追究。按照第六条监督事项，水利部相关监督机构分别制定监督检查办法，明确不同类型项目监督检查方式及问题认定和责任追究。

第二十五条　责任追究包括对单位责任追究和对个人责任追究。

对单位责任追究，是根据检查发现问题的数量、性质、严重程度对被检查单位进行的责任追究，以及对该单位的上级主管单位进行的行政管理责任追究。

对个人责任追究，是对检查发现问题的直接责任人的责任追究，以及对直接责任人行政管理工作失职的单位直接领导、分管领导和主要领导进行的责任追究。

第二十六条　对单位的责任追究，一般包括：责令整改、约谈、责令停工、通报批评（含向省级人民政府水行政主管部门通报、水利行业内通报、向省级人民政府通报等，下同）、建议解除合同、降低或吊销资质等，并且按照国家有关规定和合同约定承担违约经济责任。

对个人的责任追究，一般包括：书面检讨、约谈、罚款、通报批评、留用察看、调离岗位、降级撤职、从业禁止等。

上述责任追究，按照管理权限由水利部监督机构直接实施或责成、建议有管理权限的单位实施。

第二十七条　水利部各级监督检查单位要根据不同类型项目，依据不同的监督检查办法，按照发现问题的数量、性质、严重程度，直接或责成、建议对责任主体单位实施责任追究；再根据责任追究的程度，建议对责任主体单位的直接责任人、直接领导、分管领导、主要领导实施责任追究。

一个地区或一个部门管理的多个项目，在一年内多次被责任追究，对该地区或该部门的上级主管部门进行行政领导责任追究，同时对该上级主管部门的直接领导、分管领导、主要领导实施相应的责任追究。

第二十八条　凡受到通报批评及以上责任追究的单位及个人，在水利部网站公示6个月，其责任追究记入信用档案，纳入信用管理动态评价。

第二十九条　对单位或个人通报批评以上责任追究，由水利部水利督查工作领导小组审定，由水利部按照管理权限直接实施或责成、建议相关单位实施。

第三十条　经水利部水利督查工作领导小组审定，对发现问题较多的地区或单位以及没有按照要求进行整改或整改不到位的地区或单位，暂停投资该地区或该单位已经批准建设的水利项目或停止、延缓审批新增项目。

第三十一条　经水利部水利督查工作领导小组审定，对问题较多且整改不到位的省（自治区、直辖市），根据问题严重程度，可向省（自治区、直辖市）人民政府通报；必要时，在部、省级联系工作时，直接通报有关情况。

第三十二条　对实施违法行为的单位、个人进行行政处罚，交有管辖权的水政监察队伍按照《中华人民共和国行政处罚法》《水行政处罚实施办法》等规定执行，同级或上级督查机构可按照本规定进行监督和督办。

第七章　附　　则

第三十三条　地方各级水行政主管部门可参照本规定成立相应机构、制定相关制度。

第三十四条　本规定自颁布之日起施行。

水利督查队伍管理办法（试行）
第一章　总　　则

第一条　为加强水利监督工作，规范水利督查队伍管理，提高监督能力和水平，依据有关法律法规和《水利监督规定》，制定本办法。

第二条　本办法适用于水利部水利督查队伍的建设和管理。

本办法所称水利督查队伍包括承担水利部督查任务的组织和人员。本办法所称督查，是指水利部按照法律法规和"三定"规定，对各级水行政主管部门、流域管理机构及其所属企事业单位等履责情况的监督检查。

第三条　水利督查队伍建设和管理坚持统一领导、严格规范、专业高效、权责一致的原则。

第二章　组织管理

第四条　水利部水利督查工作领导小组负责领导水利督查队伍的规划、建设和管理工作。

第五条　水利部水利督查工作领导小组办公室（简称水利部督查办）负责统筹安排水利督查计划，组织协调水利督查队伍督查业务开展，承担交办的督查任务。

第六条　水利部各职能部门负责指导水利督查队伍相关专业领域业务工作，配合水利部督查办开展专项督查。

涉及查处公民、法人、其他组织水事违法行为，可能实施行政处罚、行政强制的，由水政执法机构依法实施。

第七条　部相关直属单位依据职责分工承担有关督查任务执行、督查工作实施保障等工作。

第八条　流域管理机构设立水利督查工作领导小组及其办公室，组建督查队伍，负责指定区域的督查工作。

第九条　水利督查队伍应建立健全责任分工、考核奖惩、安全管理、教育培训等规章制度。

第三章　人员管理

第十条　从事水利督查工作的人员一般应为在职人员，须具备下列条件：

（一）坚持原则、作风正派、清正廉洁；

（二）有一定的工作经验，熟悉相关水利法律、法规、规章、规范性文件和技术标准等，并通过督查上岗培训考核；

（三）身体健康，能承担现场督查工作。

第十一条　水利督查人员上岗前的培训考核由水利部督查办具体负责。对培训考核合格的，统一发放水利督查工作证。

第十二条　水利督查人员每年应当接受培训。水利督查队伍应当制订年度培训计划，增强培训针对性，不断提高水利督查人员的政治素质和业务工作能力。

第十三条　水利督查人员执行督查任务实行回避原则，未经批准，不得督查与其有利害关系的单位（项目）。

第十四条　水利督查人员依法依规开展督查工作，各有关单位应积极配合。

第十五条　水利督查人员开展督查工作，应当遵守以下要求：

（一）禁止干预被检查单位的正常工作秩序；

（二）禁止违反规定下达停工、停产、停机等工作指令；

（三）禁止违反操作规程、安全条例擅自操作机械设备；

（四）禁止违反规定要求被检查单位超标准、超负荷运行设备；

（五）禁止违反规定擅自进入危险工作区；

（六）禁止篡改、隐匿检查发现的问题；

（七）禁止未经批准擅自向被检查单位或第三方泄露检查发现的问题或商业秘密；

（八）禁止受关系人请托，向被检查单位施加影响承揽工程、分包工程、推销或采购材料、产品等；

（九）禁止收受被检查单位礼品、现金、有价证券，参加有碍公务的旅游、宴请、娱乐等；

（十）禁止向被检查单位提出与检查无关的要求、报销费用或发生违反八项规定精神的其他行为。

第十六条　水利督查人员在督查工作中存在工作不负责、履职不到位等情况的，给予谈话、警告、通报批评、调离岗位、清除出督查队伍等处理；违犯党纪、政纪的，按照有关规定执行；涉嫌犯罪的，移送司法机关依法处理。

第十七条　水利督查人员作出以下成绩，水利督查队伍可报请上级主管部门予以表彰：

（一）为保证安全、避免重大事故（事件）发生等作出突出贡献的；

（二）创新工作方式方法，显著提高督查质量和效率，受到上级认可并推行的；

（三）作出其他突出工作成绩的。

第四章　工作管理

第十八条　水利督查队伍应以法律、法规、规章、规范性文件和技术标准等为督查工作依据。

第十九条　水利督查队伍开展督查工作应坚持暗访与明查相结合，以暗访为主，工作过程实行闭环管理，应包括"查、认、改、罚"等环节。

第二十条　水利督查队伍可根据工作需要派出督查组，具体承担督查任务。督查组实行组长负责制，人员组成和数量根据实际任务情况确定。

第二十一条　水利督查队伍应根据具体督查任务，结合工作实际，制定督查方案。督查方案应包括督查内容、督查范围、分组分工、督查方法、时间安排、有关要求等。

第二十二条　水利督查人员应持证开展现场督查，并依据督查要求，坚持以问题为导向，按照问题清单开展检查，通过"查、看、问、访、核、检"等方式掌握实际情况。

第二十三条　水利督查人员开展现场督查，应按规定操作仪器设备，做好安全防护，保证人身、财产安全。

第二十四条　水利督查人员应客观完整保存、记录督查重要事项、证据资料，建立问题台账，发现问题应与被督查单位进行反馈。

第二十五条　水利督查队伍和督查人员应按要求及时提交督查信息或督查报告。督查信息和督查报告应事实清楚、依据充分、定性准确、文字精炼、格式规范。

第二十六条　水利督查人员在督查中发现重大问题或遇到紧急情况时，应及时报告。

第二十七条　水利督查队伍应跟踪督促问题整改落实情况，适时开展复查。

第五章　工作保障

第二十八条　水利督查工作经费纳入预算管理。各水利督查队伍应根据年度工作目标、任务和工作计划，合理编制预算，纳入年度预算。

第二十九条　水利督查队伍开展工作应当保障工作用车，严格车辆管理，保证行车安全。

第三十条　水利督查队伍开展工作应当配备必要的工作装备和劳保防护用品等，保障督查工作安全高效。

第三十一条　水利督查队伍应合理设置相关服务设施，积极利用水利行业河道管理所、水文站点、执法基地等资源，为水利督查人员开展工作创造便利条件。

第三十二条　水利督查队伍应充分利用督查业务信息管理平台、终端等设备设施，通过督查业务各环节"互联网+"管理方式，发挥支撑作用，实现问题精准定位、全程跟踪，提高督查工作实效。

第三十三条　水利督查队伍应按国家和水利部有关规定制定合理的工时考勤、加班加时等办法，给予水利督查人员与工作任务相适应的待遇保障，为水利督查人员办理人身意外伤害保险。

督查工作中发生住宿无法取得发票的，可按照财政部《关于印发〈中央和国家机关差旅费管理办法有关问题的解答〉的通知》（财办行〔2014〕90号）和《水利部办公厅关于转发财政部〈中央和国家机关差旅费管理办法〉的通知》（办财务〔2014〕32号）的有关规定执行。

第三十四条　水利督查队伍应加强应急管理，建立健全应急处置机制，落实应急措施，提高督查过程突发事件应对能力。

第三十五条　建立督查专家库的水利督查队伍，应制定专家管理办法，加强专家遴选、培训、考核等工作。

第六章　绩效管理

第三十六条　水利督查队伍督查工作绩效管理实行年度考核制，每年考核一次，年底前完成。

第三十七条　水利部督查办负责本级督查队伍、流域管理机构督查工作考核。流域管理机构负责所辖水利督查队伍督查工作考核，并将考核结果报水利部督查办核备。

第三十八条　考核实行赋分制，考核内容包括能力建设、监督检查、工作绩效、综合评价等。考核结果分为优秀、良好、合格、不合格四个等次。具体考核办法另行制定。

第三十九条　水利督查队伍有下列情况之一的，考核结果为不合格：

（一）督查工作组织存在过失导致较大及以上责任事故的；

（二）督查队伍受到违法违纪处理的。

第四十条　水利督查队伍有下列情况之一的，考核结果不得评为优秀等次：

（一）列入督办的督查事项未办结的；

（二）督查工作组织存在过失导致一般责任事故的；

（三）督查人员存在违法违纪行为的。

第四十一条　考核结果由水利部督查办负责汇总，报水利部水利督查工作领导小组审定后进行通报。考核结果纳入年度综合考评，作为干部任用、考核、奖惩的参考。

第七章　附　则

第四十二条　本办法自发布之日起施行。

生态环境部职能配置、内设机构和人员编制规定

第一条　根据党的十九届三中全会审议通过的《中共中央关于深化党和国家机构改革的决定》、《深化党和国家机构改革方案》和第十三届全国人民代表大会第一次会议批准的《国务院机构改革方案》，制定本规定。

第二条　生态环境部是国务院组成部门，为正部级，对外保留国家核安全局牌子，加挂国家消耗臭氧层物质进出口管理办公室牌子。

第三条　生态环境部贯彻落实党中央关于生态环境保护工作的方针政策和决策部署，在履行职责过程中坚持和加强党对生态环境保护工作的集中统一领导。主要职责是：

（一）负责建立健全生态环境基本制度。会同有关部门拟订国家生态环境政策、规划并组织实施，起草法律法规草案，制定部门规章。会同有关部门编制并监督实施重点区域、流域、海域、饮用水水源地生态环境规划和水功能区划，组织拟订生态环境标准，制定生态环境基准和技术规范。

（二）负责重大生态环境问题的统筹协调和监督管理。牵头协调重特大环境污染事故和生态破坏事件的调查处理，指导协调地方政府对重特大突发生态环境事件的应急、预警工作，牵头指导实施生态环境损害赔偿制度，协调解决有关跨区域环境污染纠纷，统筹协调国家重点区域、流域、海域生态环境保护工作。

（三）负责监督管理国家减排目标的落实。组织制定陆地和海洋各类污染物排放总量控制、排污许可证制度并监督实施，确定大气、水、海洋等纳污能力，提出实施总量控制的污染物名称和控制指标，监督检查各地污染物减排任务完成情况，实施生态环境保护目标责任制。

（四）负责提出生态环境领域固定资产投资规模和方向、国家财政性资

金安排的意见，按国务院规定权限审批、核准国家规划内和年度计划规模内固定资产投资项目，配合有关部门做好组织实施和监督工作。参与指导推动循环经济和生态环保产业发展。

（五）负责环境污染防治的监督管理。制定大气、水、海洋、土壤、噪声、光、恶臭、固体废物、化学品、机动车等的污染防治管理制度并监督实施。会同有关部门监督管理饮用水水源地生态环境保护工作，组织指导城乡生态环境综合整治工作，监督指导农业面源污染治理工作。监督指导区域大气环境保护工作，组织实施区域大气污染联防联控协作机制。

（六）指导协调和监督生态保护修复工作。组织编制生态保护规划，监督对生态环境有影响的自然资源开发利用活动、重要生态环境建设和生态破坏恢复工作。组织制定各类自然保护地生态环境监管制度并监督执法。监督野生动植物保护、湿地生态环境保护、荒漠化防治等工作。指导协调和监督农村生态环境保护，监督生物技术环境安全，牵头生物物种（含遗传资源）工作，组织协调生物多样性保护工作，参与生态保护补偿工作。

（七）负责核与辐射安全的监督管理。拟订有关政策、规划、标准，牵头负责核安全工作协调机制有关工作，参与核事故应急处理，负责辐射环境事故应急处理工作。监督管理核设施和放射源安全，监督管理核设施、核技术应用、电磁辐射、伴有放射性矿产资源开发利用中的污染防治。对核材料管制和民用核安全设备设计、制造、安装及无损检验活动实施监督管理。

（八）负责生态环境准入的监督管理。受国务院委托对重大经济和技术政策、发展规划以及重大经济开发计划进行环境影响评价。按国家规定审批或审查重大开发建设区域、规划、项目环境影响评价文件。拟订并组织实施生态环境准入清单。

（九）负责生态环境监测工作。制定生态环境监测制度和规范、拟订相关标准并监督实施。会同有关部门统一规划生态环境质量监测站点设置，组织实施生态环境质量监测、污染源监督性监测、温室气体减排监测、应急监测。组织对生态环境质量状况进行调查评价、预警预测，组织建设和管理国家生态环境监测网和全国生态环境信息网。建立和实行生态环境质量公告制度，统一发布国家生态环境综合性报告和重大生态环境信息。

（十）负责应对气候变化工作。组织拟订应对气候变化及温室气体减排重大战略、规划和政策。与有关部门共同牵头组织参加气候变化国际谈判。

负责国家履行联合国气候变化框架公约相关工作。

（十一）组织开展中央生态环境保护督察。建立健全生态环境保护督察制度，组织协调中央生态环境保护督察工作，根据授权对各地区各有关部门贯彻落实中央生态环境保护决策部署情况进行督察问责。指导地方开展生态环境保护督察工作。

（十二）统一负责生态环境监督执法。组织开展全国生态环境保护执法检查活动。查处重大生态环境违法问题。指导全国生态环境保护综合执法队伍建设和业务工作。

（十三）组织指导和协调生态环境宣传教育工作，制定并组织实施生态环境保护宣传教育纲要，推动社会组织和公众参与生态环境保护。开展生态环境科技工作，组织生态环境重大科学研究和技术工程示范，推动生态环境技术管理体系建设。

（十四）开展生态环境国际合作交流，研究提出国际生态环境合作中有关问题的建议，组织协调有关生态环境国际条约的履约工作，参与处理涉外生态环境事务，参与全球陆地和海洋生态环境治理相关工作。

（十五）完成党中央、国务院交办的其他任务。

（十六）职能转变。生态环境部要统一行使生态和城乡各类污染排放监管与行政执法职责，切实履行监管责任，全面落实大气、水、土壤污染防治行动计划，大幅减少进口固体废物种类和数量直至全面禁止洋垃圾入境。构建政府为主导、企业为主体、社会组织和公众共同参与的生态环境治理体系，实行最严格的生态环境保护制度，严守生态保护红线和环境质量底线，坚决打好污染防治攻坚战，保障国家生态安全，建设美丽中国。

第四条 生态环境部设下列内设机构：

（一）办公厅。负责机关日常运转工作，承担信息、安全、保密、信访、政务公开、信息化等工作，承担全国生态环境信息网建设和管理工作。

（二）中央生态环境保护督察办公室。监督生态环境保护党政同责、一岗双责落实情况，拟订生态环境保护督察制度、工作计划、实施方案并组织实施，承担中央生态环境保护督察组织协调工作。承担国务院生态环境保护督察工作领导小组日常工作。

（三）综合司。组织起草生态环境政策、规划，协调和审核生态环境专项规划，组织生态环境统计、污染源普查和生态环境形势分析，承担污染物排放总量控制综合协调和管理工作，拟订生态环境保护年度目标和考核计划。

（四）法规与标准司。起草法律法规草案和规章，承担机关有关规范性文件的合法性审查工作，承担机关行政复议、行政应诉等工作，承担国家生态环境标准、基准和技术规范管理工作。

（五）行政体制与人事司。承担机关、派出机构及直属单位的干部人事、机构编制、劳动工资工作，指导生态环境行业人才队伍建设工作，承担生态环境保护系统领导干部双重管理有关工作，承担生态环境行政体制改革有关工作。

（六）科技与财务司。承担生态环境领域固定资产投资和项目管理相关工作，承担机关和直属单位财务、国有资产管理、内部审计工作。承担生态环境科技工作，参与指导和推动循环经济与生态环保产业发展。

（七）自然生态保护司（生物多样性保护办公室、国家生物安全管理办公室）。组织起草生态保护规划，开展全国生态状况评估，指导生态示范创建。承担自然保护地、生态保护红线相关监管工作。组织开展生物多样性保护、生物遗传资源保护、生物安全管理工作。承担中国生物多样性保护国家委员会秘书处和国家生物安全管理办公室工作。

（八）水生态环境司。负责全国地表水生态环境监管工作，拟订和监督实施国家重点流域生态环境规划，建立和组织实施跨省（国）界水体断面水质考核制度，监督管理饮用水水源地生态环境保护工作，指导入河排污口设置。

（九）海洋生态环境司。负责全国海洋生态环境监管工作，监督陆源污染物排海，负责防治海岸和海洋工程建设项目、海洋油气勘探开发和废弃物海洋倾倒对海洋污染损害的生态环境保护工作，组织划定海洋倾倒区。

（十）大气环境司（京津冀及周边地区大气环境管理局）。负责全国大气、噪声、光、化石能源等污染防治的监督管理，建立对各地区大气环境质量改善目标落实情况考核制度，组织拟订重污染天气应对政策措施，组织协调大气面源污染防治工作。承担京津冀及周边地区大气污染防治领导小组日常工作。

（十一）应对气候变化司。综合分析气候变化对经济社会发展的影响，牵头承担国家履行联合国气候变化框架公约相关工作，组织实施清洁发展机制工作。承担国家应对气候变化及节能减排工作领导小组有关具体工作。

（十二）土壤生态环境司。负责全国土壤、地下水等污染防治和生态保护的监督管理，组织指导农村生态环境保护，监督指导农业面源污染治理工作。

（十三）固体废物与化学品司。负责全国固体废物、化学品、重金属等污染防治的监督管理，组织实施危险废物经营许可及出口核准、固体废物进口许可、有毒化学品进出口登记、新化学物质环境管理登记等环境管理制度。

（十四）核设施安全监管司。承担核与辐射安全法律法规草案的起草，拟订有关政策，负责核安全工作协调机制有关工作，组织辐射环境监测，承担核与辐射事故应急工作，负责核材料管制和民用核安全设备设计、制造、安装及无损检验活动的监督管理。

（十五）核电安全监管司。负责核电厂、研究型反应堆、临界装置等核设施的核安全、辐射安全、辐射环境保护的监督管理。

（十六）辐射源安全监管司。负责核燃料循环设施、放射性废物处理和处置设施、核设施退役项目、核技术利用项目、铀（钍）矿和伴生放射性矿、电磁辐射装置和设施、放射性物质运输的核安全、辐射安全和辐射环境保护、放射性污染治理的监督管理。

（十七）环境影响评价与排放管理司。承担规划环境影响评价、政策环境影响评价、项目环境影响评价工作，承担排污许可综合协调和管理工作，拟订生态环境准入清单并组织实施。

（十八）生态环境监测司。组织开展生态环境监测、温室气体减排监测、应急监测，调查评估全国生态环境质量状况并进行预测预警，承担国家生态环境监测网建设和管理工作。

（十九）生态环境执法局。监督生态环境政策、规划、法规、标准的执行，组织拟订重特大突发生态环境事件和生态破坏事件的应急预案，指导协调调查处理工作，协调解决有关跨区域环境污染纠纷，组织实施建设项目环境保护设施同时设计、同时施工、同时投产使用制度。

（二十）国际合作司。研究提出国际生态环境合作中有关问题的建议，牵头组织有关国际条约的谈判工作，参与处理涉外的生态环境事务，承担与生态环境国际组织联系事务。

（二十一）宣传教育司。研究拟订并组织实施生态环境保护宣传教育纲要，组织开展生态文明建设和环境友好型社会建设的宣传教育工作。承担部新闻审核和发布，指导生态环境舆情收集、研判、应对工作。

机关党委。负责机关和在京派出机构、直属单位的党群工作。

离退休干部办公室。负责离退休干部工作。

第五条 生态环境部机关行政编制478名（含两委人员编制4名、援派机动编制2名、离退休干部工作人员编制10名）。设部长1名，副部长4名，司局级领导职数78名（含总工程师1名、核安全总工程师1名、国家生态环境保护督察专员8名、机关党委专职副书记1名、离退休干部办公室领导职数1名）。

核设施安全监管司、核电安全监管司、辐射源安全监管司既是生态环境部的内设机构，也是国家核安全局的内设机构。核安全总工程师和核设施安全监管司、核电安全监管司、辐射源安全监管司的司长对外可使用"国家核安全局副局长"的名称。

第六条 生态环境部所属华北、华东、华南、西北、西南、东北区域督察局，承担所辖区域内的生态环境保护督察工作。6个督察局行政编制240名，在部机关行政编制总额外单列。各督察局设局长1名、副局长2名、生态环境保护督察专员1名，共24名司局级领导职数。

长江、黄河、淮河、海河、珠江、松辽、太湖流域生态环境监督管理局，作为生态环境部设在七大流域的派出机构，主要负责流域生态环境监管和行政执法相关工作，实行生态环境部和水利部双重领导、以生态环境部为主的管理体制，具体设置、职责和编制事项另行规定。

第七条 生态环境部所属事业单位的设置、职责和编制事项另行规定。

第八条 本规定由中央机构编制委员会办公室负责解释，其调整由中央机构编制委员会办公室按规定程序办理。

第九条 本规定自2018年8月1日起施行。

自然资源部职能配置、内设机构和人员编制规定

第一条 根据党的十九届三中全会审议通过的《中共中央关于深化党和国家机构改革的决定》、《深化党和国家机构改革方案》和第十三届全国人民代表大会第一次会议批准的《国务院机构改革方案》，制定本规定。

第二条 自然资源部是国务院组成部门，为正部级，对外保留国家海洋局牌子。

第三条 自然资源部贯彻落实党中央关于自然资源工作的方针政策和决

策部署，在履行职责过程中坚持和加强党对自然资源工作的集中统一领导。主要职责是：

（一）履行全民所有土地、矿产、森林、草原、湿地、水、海洋等自然资源资产所有者职责和所有国土空间用途管制职责。拟订自然资源和国土空间规划及测绘、极地、深海等法律法规草案，制定部门规章并监督检查执行情况。

（二）负责自然资源调查监测评价。制定自然资源调查监测评价的指标体系和统计标准，建立统一规范的自然资源调查监测评价制度。实施自然资源基础调查、专项调查和监测。负责自然资源调查监测评价成果的监督管理和信息发布。指导地方自然资源调查监测评价工作。

（三）负责自然资源统一确权登记工作。制定各类自然资源和不动产统一确权登记、权籍调查、不动产测绘、争议调处、成果应用的制度、标准、规范。建立健全全国自然资源和不动产登记信息管理基础平台。负责自然资源和不动产登记资料收集、整理、共享、汇交管理等。指导监督全国自然资源和不动产确权登记工作。

（四）负责自然资源资产有偿使用工作。建立全民所有自然资源资产统计制度，负责全民所有自然资源资产核算。编制全民所有自然资源资产负债表，拟订考核标准。制定全民所有自然资源资产划拨、出让、租赁、作价出资和土地储备政策，合理配置全民所有自然资源资产。负责自然资源资产价值评估管理，依法收缴相关资产收益。

（五）负责自然资源的合理开发利用。组织拟订自然资源发展规划和战略，制定自然资源开发利用标准并组织实施，建立政府公示自然资源价格体系，组织开展自然资源分等定级价格评估，开展自然资源利用评价考核，指导节约集约利用。负责自然资源市场监管。组织研究自然资源管理涉及宏观调控、区域协调和城乡统筹的政策措施。

（六）负责建立空间规划体系并监督实施。推进主体功能区战略和制度，组织编制并监督实施国土空间规划和相关专项规划。开展国土空间开发适宜性评价，建立国土空间规划实施监测、评估和预警体系。组织划定生态保护红线、永久基本农田、城镇开发边界等控制线，构建节约资源和保护环境的生产、生活、生态空间布局。建立健全国土空间用途管制制度，研究拟订城乡规划政策并监督实施。组织拟订并实施土地、海洋等自然资源年度利用计划。负责土地、海域、海岛等国土空间用途转用工作。负责土地征收征用管理。

（七）负责统筹国土空间生态修复。牵头组织编制国土空间生态修复规划并实施有关生态修复重大工程。负责国土空间综合整治、土地整理复垦、矿山地质环境恢复治理、海洋生态、海域海岸线和海岛修复等工作。牵头建立和实施生态保护补偿制度，制定合理利用社会资金进行生态修复的政策措施，提出重大备选项目。

（八）负责组织实施最严格的耕地保护制度。牵头拟订并实施耕地保护政策，负责耕地数量、质量、生态保护。组织实施耕地保护责任目标考核和永久基本农田特殊保护。完善耕地占补平衡制度，监督占用耕地补偿制度执行情况。

（九）负责管理地质勘查行业和全国地质工作。编制地质勘查规划并监督检查执行情况。管理中央级地质勘查项目。组织实施国家重大地质矿产勘查专项。负责地质灾害预防和治理，监督管理地下水过量开采及引发的地面沉降等地质问题。负责古生物化石的监督管理。

（十）负责落实综合防灾减灾规划相关要求，组织编制地质灾害防治规划和防护标准并指导实施。组织指导协调和监督地质灾害调查评价及隐患的普查、详查、排查。指导开展群测群防、专业监测和预报预警等工作，指导开展地质灾害工程治理工作。承担地质灾害应急救援的技术支撑工作。

（十一）负责矿产资源管理工作。负责矿产资源储量管理及压覆矿产资源审批。负责矿业权管理。会同有关部门承担保护性开采的特定矿种、优势矿产的调控及相关管理工作。监督指导矿产资源合理利用和保护。

（十二）负责监督实施海洋战略规划和发展海洋经济。研究提出海洋强国建设重大战略建议。组织制定海洋发展、深海、极地等战略并监督实施。会同有关部门拟订海洋经济发展、海岸带综合保护利用等规划和政策并监督实施。负责海洋经济运行监测评估工作。

（十三）负责海洋开发利用和保护的监督管理工作。负责海域使用和海岛保护利用管理。制定海域海岛保护利用规划并监督实施。负责无居民海岛、海域、海底地形地名管理工作，制定领海基点等特殊用途海岛保护管理办法并监督实施。负责海洋观测预报、预警监测和减灾工作，参与重大海洋灾害应急处置。

（十四）负责测绘地理信息管理工作。负责基础测绘和测绘行业管理。

负责测绘资质资格与信用管理，监督管理国家地理信息安全和市场秩序。负责地理信息公共服务管理。负责测量标志保护。

（十五）推动自然资源领域科技发展。制定并实施自然资源领域科技创新发展和人才培养战略、规划和计划。组织制定技术标准、规程规范并监督实施。组织实施重大科技工程及创新能力建设，推进自然资源信息化和信息资料的公共服务。

（十六）开展自然资源国际合作。组织开展自然资源领域对外交流合作，组织履行有关国际公约、条约和协定。配合开展维护国家海洋权益工作，参与相关谈判与磋商。负责极地、公海和国际海底相关事务。

（十七）根据中央授权，对地方政府落实党中央、国务院关于自然资源和国土空间规划的重大方针政策、决策部署及法律法规执行情况进行督察。查处自然资源开发利用和国土空间规划及测绘重大违法案件。指导地方有关行政执法工作。

（十八）管理国家林业和草原局。

（十九）管理中国地质调查局。

（二十）完成党中央、国务院交办的其他任务。

（二十一）职能转变。自然资源部要落实中央关于统一行使全民所有自然资源资产所有者职责，统一行使所有国土空间用途管制和生态保护修复职责的要求，强化顶层设计，发挥国土空间规划的管控作用，为保护和合理开发利用自然资源提供科学指引。进一步加强自然资源的保护和合理开发利用，建立健全源头保护和全过程修复治理相结合的工作机制，实现整体保护、系统修复、综合治理。创新激励约束并举的制度措施，推进自然资源节约集约利用。进一步精简下放有关行政审批事项、强化监管力度，充分发挥市场对资源配置的决定性作用，更好发挥政府作用，强化自然资源管理规则、标准、制度的约束性作用，推进自然资源确权登记和评估的便民高效。

第四条　自然资源部设下列内设机构：

（一）办公厅。负责机关日常运转工作。承担信息、安全保密、信访、新闻宣传、政务公开工作，监督管理部政务大厅。承担机关财务、资产管理等工作。

（二）综合司。承担组织编制自然资源发展战略、中长期规划和年度计划工作。开展重大问题调查研究，负责起草部重要文件文稿，协调自然资源领域综合改革有关工作。承担自然资源领域军民融合深度发展工作。承担综合统计和部内专业统计归口管理。

（三）法规司。承担有关法律法规草案和规章起草工作。承担有关规范性文件合法性审查和清理工作。组织开展法治宣传教育。承担行政复议、行政应诉有关工作。

（四）自然资源调查监测司。拟订自然资源调查监测评价的指标体系和统计标准，建立自然资源定期调查监测评价制度。定期组织实施全国性自然资源基础调查、变更调查、动态监测和分析评价。开展水、森林、草原、湿地资源和地理国情等专项调查监测评价工作。承担自然资源调查监测评价成果的汇交、管理、维护、发布、共享和利用监督。

（五）自然资源确权登记局。拟订各类自然资源和不动产统一确权登记、权籍调查、不动产测绘、争议调处、成果应用的制度、标准、规范。承担指导监督全国自然资源和不动产确权登记工作。建立健全全国自然资源和不动产登记信息管理基础平台，管理登记资料。负责国务院确定的重点国有林区、国务院批准项目用海用岛、中央和国家机关不动产确权登记发证等专项登记工作。

（六）自然资源所有者权益司。拟订全民所有自然资源资产管理政策，建立全民所有自然资源资产统计制度，承担自然资源资产价值评估和资产核算工作。编制全民所有自然资源资产负债表，拟订相关考核标准。拟订全民所有自然资源资产划拨、出让、租赁、作价出资和土地储备政策。承担报国务院审批的改制企业的国有土地资产处置。

（七）自然资源开发利用司。拟订自然资源资产有偿使用制度并监督实施，建立自然资源市场交易规则和交易平台，组织开展自然资源市场调控。负责自然资源市场监督管理和动态监测，建立自然资源市场信用体系。建立政府公示自然资源价格体系，组织开展自然资源分等定级价格评估。拟订自然资源开发利用标准，开展评价考核，指导节约集约利用。

（八）国土空间规划局。拟订国土空间规划相关政策，承担建立空间规划体系工作并监督实施。组织编制全国国土空间规划和相关专项规划并监督实施。承担报国务院审批的地方国土空间规划的审核、报批工作，指导和审核涉及国土空间开发利用的国家重大专项规划。开展国土空间开发适宜性评价，建立国土空间规划实施监测、评估和预警体系。

（九）国土空间用途管制司。拟订国土空间用途管制制度规范和技术标

准。提出土地、海洋年度利用计划并组织实施。组织拟订耕地、林地、草地、湿地、海域、海岛等国土空间用途转用政策，指导建设项目用地预审工作。承担报国务院审批的各类土地用途转用的审核、报批工作。拟订开展城乡规划管理等用途管制政策并监督实施。

（十）国土空间生态修复司。承担国土空间生态修复政策研究工作，拟订国土空间生态修复规划。承担国土空间综合整治、土地整理复垦、矿山地质环境恢复治理、海洋生态、海域海岸带和海岛修复等工作。承担生态保护补偿相关工作。指导地方国土空间生态修复工作。

（十一）耕地保护监督司。拟订并实施耕地保护政策，组织实施耕地保护责任目标考核和永久基本农田特殊保护，负责永久基本农田划定、占用和补划的监督管理。承担耕地占补平衡管理工作。承担土地征收征用管理工作。负责耕地保护政策与林地、草地、湿地等土地资源保护政策的衔接。

（十二）地质勘查管理司。管理地质勘查行业和全国地质工作，编制地质勘查规划并监督检查执行情况。管理中央级地质勘查项目，组织实施国家重大地质矿产勘查专项。承担地质灾害的预防和治理工作，监督管理地下水过量开采及引发的地面沉降等地质问题。

（十三）矿业权管理司。拟订矿业权管理政策并组织实施，管理石油天然气等重要能源和金属、非金属矿产资源矿业权的出让及审批登记。统计分析并指导全国探矿权、采矿权审批登记，调处重大权属纠纷。承担保护性开采的特定矿种、优势矿产的开采总量控制及相关管理工作。

（十四）矿产资源保护监督司。拟订矿产资源战略、政策和规划并组织实施，监督指导矿产资源合理利用和保护。承担矿产资源储量评审、备案、登记、统计和信息发布及压覆矿产资源审批管理、矿产地战略储备工作。实施矿山储量动态管理，建立矿产资源安全监测预警体系。监督地质资料汇交、保管和利用，监督管理古生物化石。

（十五）海洋战略规划与经济司。拟订海洋发展、深海、极地等海洋强国建设重大战略并监督实施。拟订海洋经济发展、海岸带综合保护利用、海域海岛保护利用、海洋军民融合发展等规划并监督实施。承担推动海水淡化与综合利用、海洋可再生能源等海洋新兴产业发展工作。开展海洋经济运行综合监测、统计核算、调查评估、信息发布工作。

（十六）海域海岛管理司。拟订海域使用和海岛保护利用政策与技术规范，监督管理海域海岛开发利用活动。组织开展海域海岛监视监测和评估，管理无居民海岛、海域、海底地形地名及海底电缆管道铺设。承担报国务院审批的用海、用岛的审核、报批工作。组织拟订领海基点等特殊用途海岛保护管理政策并监督实施。

（十七）海洋预警监测司。拟订海洋观测预报和海洋科学调查政策和制度并监督实施。开展海洋生态预警监测、灾害预防、风险评估和隐患排查治理，发布警报和公报。建设和管理国家全球海洋立体观测网，组织开展海洋科学调查与勘测。参与重大海洋灾害应急处置。

（十八）国土测绘司。拟订全国基础测绘规划、计划并监督实施。组织实施国家基础测绘和全球地理信息资源建设等重大项目。建立和管理国家测绘基准、测绘系统。监督管理民用测绘航空摄影与卫星遥感。拟订测绘行业管理政策，监督管理测绘活动、质量，管理测绘资质资格，审批外国组织、个人来华测绘。

（十九）地理信息管理司。拟订国家地理信息安全保密政策并监督实施。负责地理信息成果管理和测量标志保护，审核国家重要地理信息数据。负责地图管理，审查向社会公开的地图，监督互联网地图服务，开展国家版图意识宣传教育，协同拟订界线标准样图。提供地理信息应急保障，指导监督地理信息公共服务。

（二十）国家自然资源总督察办公室。完善国家自然资源督察制度，拟订自然资源督察相关政策和工作规则等。指导和监督检查派驻督察局工作，协调重大及跨督察区域的督察工作。根据授权，承担对自然资源和国土空间规划等法律法规执行情况的监督检查工作。

（二十一）执法局。拟订自然资源违法案件查处的法规草案、规章和规范性文件并指导实施。查处重大国土空间规划和自然资源违法案件，指导协调全国违法案件调查处理工作，协调解决跨区域违法案件查处。指导地方自然资源执法机构和队伍建设，组织自然资源执法系统人员的业务培训。

（二十二）科技发展司。拟订自然资源领域科技发展战略、规划和计划。拟订有关技术标准、规程规范，组织实施重大科技工程、项目及创新能力建设。承担科技成果和信息化管理工作，开展卫星遥感等高新技术体系建设，加强海洋科技能力建设。

（二十三）国际合作司（海洋权益司）。拟订自然资源领域国际合作战略、计划并组织实施。承担双多边对外交流合作和国际公约、条约及协定履约工作，指导涉外、援外项目实施。负责外事管理工作，开展相关海洋权益维护工作，参与资源勘探开发争议、岛屿争端、海域划界等谈判与磋商。指导极地、公海和国际海底相关事务。承担自然资源领域涉外行政许可审批事项。

（二十四）财务与资金运用司。承担自然资源专项收入征管和专项资金、基金的管理工作。拟订有关财务、资产管理的规章，负责机关和所属单位财务及国有资产监管，负责部门预决算、政府采购、国库集中支付、内部审计工作。管理基本建设及重大专项投资、重大装备。承担财政和社会资金的结构优化和监测工作，拟订合理利用社会资金的政策措施，提出重大备选项目。

（二十五）人事司。承担机关、派出机构和直属单位的人事管理、机构编制、劳动工资和教育培训工作，指导自然资源人才队伍建设等工作。

机关党委。负责机关和在京直属单位的党群工作。

离退休干部局。负责离退休干部工作。

第五条　自然资源部机关行政编制691名（含两委人员编制10名、援派机动编制2名、离退休干部工作人员编制50名）。设部长1名（兼任国家自然资源总督察），副部长4名（其中1名副部长兼任国家自然资源副总督察），专职国家自然资源副总督察（副部长级）1名，司局级领导职数109名（含总规划师2名、总工程师2名、机关党委专职副书记1名、离退休干部局领导职数3名）。

第六条　自然资源部设下列派出机构：

（一）根据中央授权，自然资源部向地方派驻国家自然资源督察北京局、沈阳局、上海局、南京局、济南局、广州局、武汉局、成都局、西安局，承担对所辖区域的自然资源督察工作。9个督察局行政编制336名，司局级领导职数64名（9个督察局按1正2副配备，对应的37个被督察单位各配备督察专员1名）。

（二）陕西测绘地理信息局、黑龙江测绘地理信息局、四川测绘地理信息局、海南测绘地理信息局实行由自然资源部与所在地省政府双重领导以自然资源部为主的管理体制，具体机构编制事项另行规定。

（三）自然资源部在北海、东海、南海3个海区分别设立派出机构，具体职责和机构编制事项另行规定。

第七条　自然资源部所属事业单位的设置、职责和编制事项另行规定。

第八条　本规定由中央机构编制委员会办公室负责解释，其调整由中央机构编制委员会办公室按规定程序办理。

第九条　本规定自2018年8月1日起施行。

国家药品监督管理局职能配置、内设机构和人员编制规定

第一条　根据党的十九届三中全会审议通过的《中共中央关于深化党和国家机构改革的决定》、《深化党和国家机构改革方案》和第十三届全国人民代表大会第一次会议批准的《国务院机构改革方案》，制定本规定。

第二条　国家药品监督管理局是国家市场监督管理总局管理的国家局，为副部级。

第三条　国家药品监督管理局贯彻落实党中央关于药品监督管理工作的方针政策和决策部署，在履行职责过程中坚持和加强党对药品监督管理工作的集中统一领导。主要职责是：

（一）负责药品（含中药、民族药，下同）、医疗器械和化妆品安全监督管理。拟订监督管理政策规划，组织起草法律法规草案，拟订部门规章，并监督实施。研究拟订鼓励药品、医疗器械和化妆品新技术新产品的管理与服务政策。

（二）负责药品、医疗器械和化妆品标准管理。组织制定、公布国家药典等药品、医疗器械标准，组织拟订化妆品标准，组织制定分类管理制度，并监督实施。参与制定国家基本药物目录，配合实施国家基本药物制度。

（三）负责药品、医疗器械和化妆品注册管理。制定注册管理制度，严格上市审评审批，完善审评审批服务便利化措施，并组织实施。

（四）负责药品、医疗器械和化妆品质量管理。制定研制质量管理规范并监督实施。制定生产质量管理规范并依职责监督实施。制定经营、使用质量管理规范并指导实施。

（五）负责药品、医疗器械和化妆品上市后风险管理。组织开展药品不良反应、医疗器械不良事件和化妆品不良反应的监测、评价和处置工作。依法承担药品、医疗器械和化妆品安全应急管理工作。

（六）负责执业药师资格准入管理。制定执业药师资格准入制度，指导监督执业药师注册工作。

（七）负责组织指导药品、医疗器械和化妆品监督检查。制定检查制度，依法查处药品、医疗器械和化妆品注册环节的违法行为，依职责组织指导查处生产环节的违法行为。

（八）负责药品、医疗器械和化妆品监督管理领域对外交流与合作，参与相关国际监管规则和标准的制定。

（九）负责指导省、自治区、直辖市药品监督管理部门工作。

（十）完成党中央、国务院交办的其他任务。

（十一）职能转变。

1. 深入推进简政放权。减少具体行政审批事项，逐步将药品和医疗器械广告、药物临床试验机构、进口非特殊用途化妆品等审批事项取消或者改为备案。对化妆品新原料实行分类管理，高风险的实行许可管理，低风险的实行备案管理。

2. 强化事中事后监管。完善药品、医疗器械全生命周期管理制度，强化全过程质量安全风险管理，创新监管方式，加强信用监管，全面落实"双随机、一公开"和"互联网＋监管"，提高监管效能，满足新时代公众用药用械需求。

3. 有效提升服务水平。加快创新药品、医疗器械审评审批，建立上市许可持有人制度，推进电子化审评审批，优化流程、提高效率，营造激励创新、保护合法权益环境。及时发布药品注册申请信息，引导申请人有序研发和申报。

4. 全面落实监管责任。按照"最严谨的标准、最严格的监管、最严厉的处罚、最严肃的问责"要求，完善药品、医疗器械和化妆品审评、检查、检验、监测等体系，提升监管队伍职业化水平。加快仿制药质量和疗效一致性评价，推进追溯体系建设，落实企业主体责任，防范系统性、区域性风险，保障药品、医疗器械安全有效。

（十二）有关职责分工。

1. 与国家市场监督管理总局的有关职责分工。国家药品监督管理局负责制定药品、医疗器械和化妆品监管制度，并负责药品、医疗器械和化妆品研制环节的许可、检查和处罚。省级药品监督管理部门负责药品、医疗器械和化妆品生产环节的许可、检查和处罚，以及药品批发许可、零售连锁总部许可、互联网销售第三方平台备案及检查和处罚。市县两级市场监管部门负责药品零售、医疗器械经营的许可、检查和处罚，以及化妆品经营和药品、医疗器械使用环节质量的检查和处罚。

2. 与国家卫生健康委员会的有关职责分工。国家药品监督管理局会同国家卫生健康委员会组织国家药典委员会并制定国家药典，建立重大药品不良反应和医疗器械不良事件相互通报机制和联合处置机制。

3. 与商务部的有关职责分工。商务部负责拟订药品流通发展规划和政策，国家药品监督管理局在药品监督管理工作中，配合执行药品流通发展规划和政策。商务部发放药品类易制毒化学品进口许可前，应当征得国家药品监督管理局同意。

4. 与公安部的有关职责分工。公安部负责组织指导药品、医疗器械和化妆品犯罪案件侦查工作。国家药品监督管理局与公安部建立行政执法和刑事司法工作衔接机制。药品监督管理部门发现违法行为涉嫌犯罪的，按照有关规定及时移送公安机关，公安机关应当迅速进行审查，并依法作出立案或者不予立案的决定。公安机关依法提请药品监督管理部门作出检验、鉴定、认定等协助的，药品监督管理部门应当予以协助。

第四条　国家药品监督管理局设下列内设机构（副司局级）：

（一）综合和规划财务司。负责机关日常运转，承担信息、安全、保密、信访、政务公开、信息化、新闻宣传等工作。拟订并组织实施发展规划和专项建设规划，推动监督管理体系建设。承担机关和直属单位预决算、财务、国有资产管理及内部审计工作。组织起草综合性文稿和重要会议文件。

（二）政策法规司。研究药品、医疗器械和化妆品监督管理重大政策。组织起草法律法规及部门规章草案，承担规范性文件的合法性审查工作。承担执法监督、行政复议、行政应诉工作。承担行政执法与刑事司法衔接管理工作。承担普法宣传工作。

（三）药品注册管理司（中药民族药监督管理司）。组织拟订并监督实施国家药典等药品标准、技术指导原则，拟订并实施药品注册管理制度。监督实施药物非临床研究和临床试验质量管理规范、中药饮片炮制规范，实施中药品种保护制度。承担组织实施分类管理制度、检查研制现场、查处相关违法行为工作。参与制定国家基本药物目录，配合实施国家基本药物制度。

（四）药品监督管理司。组织拟订并依职责监督实施药品生产质量管理规范，组织拟订并指导实施经营、使用质量管理规范。承担组织指导生产现场检查、组织查处重大违法行为工作。组织质量抽查检验，定期发布质量公告。组织开展不良反应监测并依法处置。承担放射性药品、麻醉药品、毒性药品及精神药品、药品类易制毒化学品监督管理工作。

（五）医疗器械注册管理司。组织拟订并监督实施医疗器械标准、分类规则、命名规则和编码规则，拟订并实施医疗器械注册管理制度。拟订并监督实施医疗器械临床试验质量管理规范、技术指导原则。承担组织检查研制现场、查处违法行为工作。

（六）医疗器械监督管理司。组织拟订并依职责监督实施医疗器械生产质量管理规范，组织拟订并指导实施经营、使用质量管理规范。承担组织指导生产现场检查、组织查处重大违法行为工作。组织质量抽查检验，定期发布质量公告。组织开展不良事件监测并依法处置。

（七）化妆品监督管理司。组织实施化妆品注册备案工作。组织拟订并监督实施化妆品标准、分类规则、技术指导原则。承担拟订化妆品检查制度、检查研制现场、依职责组织指导生产现场检查、查处重大违法行为工作。组织质量抽查检验，定期发布质量公告。组织开展不良反应监测并依法处置。

（八）科技和国际合作司（港澳台办公室）。组织研究实施药品、医疗器械和化妆品审评、检查、检验的科学工具和方法，研究拟订鼓励新技术新产品的管理与服务政策。拟订并监督实施实验室建设标准和管理规范、检验检测机构资质认定条件和检验规范。组织实施重大科技项目。组织开展国际交流与合作，以及与港澳台地区的交流与合作。协调参与国际监管规则和标准的制定。

（九）人事司。承担机关和直属单位的干部人事、机构编制、劳动工资和教育工作，指导相关人才队伍建设工作。承担执业药师资格管理工作。

机关党委。负责机关和在京直属单位的党群工作。

离退休干部局。负责机关离退休干部工作，指导直属单位离退休干部工作。

第五条　国家药品监督管理局机关行政编制216名（含两委人员编制2名、援派机动编制2名、离退休干部工作人员编制20名）。设局长1名，副局长4名，药品安全总监1名，药品稽查专员6名，正副司长职数32名（含机关党委专职副书记1名），离退休干部局领导职数2名。

第六条　国家药品监督管理局所属事业单位的设置、职责和编制事项另行规定。

第七条　本规定由中央机构编制委员会办公室负责解释，其调整由中央机构编制委员会办公室按规定程序办理。

第八条　本规定自2018年7月29日起施行。